AF391223

COURS DE SCIENCES NATURELLES

TOME IV

GÉOLOGIE ET BOTANIQUE

DESTINÉ AUX CLASSES DE

CINQUIÈME

CLASSIQUE ET MODERNE

PAR

E. LORQUET

Professeur d'Histoire naturelle
au Lycée Montaigne

En Dépôt à Paris, à la Librairie Croville-Morant, rue de la Sorbonne, 20

LYON

ANCIENNE IMPRIMERIE A. WALTENER ET Cie

Paul LEGENDRE & Cie, Sucrs

14, rue Bellecordière, 14

COURS DE SCIENCES NATURELLES

Tome I. — **Anatomie et Physiologie animales** : Cours élémentaire et cours de *Philosophie*.

Tome II. — **Botanique**. Vie des Végétaux : Grandes Familles ; Notions sur la culture. id. *(Presque épuisé)*.

Tome III. — **Zoologie** *. — L'Homme et les Animaux. Cours moyen : Classes de **Sixième**, classique et moderne.

Tome IV. — **Géologie** et **Botanique** *. Cours moyen. Classes de **Cinquième**, classique et moderne.

Prix : 2 fr. le volume.

Tableaux. — 1º Classification zoologique ; Respiration et Circulation comparées. (Tableau bleu).

2º Classification botanique ; principales Familles (Tableau vert).

3º Dessins et Planches * empruntés aux tomes III et IV.

4º Tableaux et Cadres de Zoologie : distribution géographique des Vertébrés. Edité par **Ch. Delagrave** : 15, rue Soufflot.

En collaboration avec **M. Dolby** : **La Botanique Vulgarisée** : **la Feuille**, avec photographies colorées. Edité par la maison **Belin** ; 32 rue de Vaugirard.

* Avec *Photogravures* de la maison **Delaye**, rue Henri IV, Lyon.

Beaune, 5 août 1895.

Je publie deux nouveaux Tomes de mes Cours d'histoire naturelle. Les deux premiers, édités aussi à Lyon, s'adressaient surtout, mais non pas exclusivement, aux élèves de « Philosophie et de Centrale » que l'Université m'a confiés pendant 25 années, notamment aux lycées d'Aix, Ampère, Charlemagne, sans oublier mon cher Saint-Dié. Pour faciliter leur préparation aux baccalauréats « ès-lettres et restreint » j'avais intercalé, en plus grands caractères, le Cours Moyen que je professais alors à l'Ecole supérieure des Jeunes Filles de Lyon. Le plaisir m'a été donné, au lycée Janson, de retrouver, à trois ans d'intervalle, les mêmes élèves, satisfaits de se servir du même ouvrage. Cette fois je m'adresse exclusivement, dans le langage qui lui convient, au **Cours Moyen** *de Sixième et de Cinquième.*

Le premier devoir est de concilier les programmes avec le temps accordé. La moyenne est de 32 à 33 leçons d'une heure. Je publie donc ce que j'ai dit en 33 heures. Les points essentiels, que l'élève doit retenir, je les commente à plusieurs reprises : je fais naître l'occasion de les répéter, en espaçant ces répétitions que je sais indispensables. S'il faut que le jeune homme s'instruise un peu, il est encore plus essentiel de lui apprendre à aimer cette science, si attrayante quand on est jeune, si consolatrice quand on ne l'est plus. Il faut par dessus tout, que des leçons familières, imprégnées de bonne humeur, ouvrent son esprit et forment son jugement.

Quand la majorité de la Classe a, entre les mains, un guide aussi simple, que je nomme volontiers un Cahier d'Elève, elle renonce à sténographier, malgré lui, la parole du professeur. On peut faire deux fois plus de dessins, d'interrogations, de récits, de lectures : tous ces hors-d'œuvre dont vit un bon enseignement. Alors, au lieu d'être identiques, les cahiers

4

révèlent les tendances et le travail personnel. J'ai donné à titre d'indication quelques dessins, quelques étymologies, des tableaux, un choix de lectures. Je cite volontiers les noms des généraux de la Science, j'apprends à aimer nos gloires les plus pures : Cuvier, Buffon, de Jussieu, Lavoisier, Claude Bernard, Pasteur. Et si quelque élève, studieux avant l'âge, me demande d'avantage, je continuerai d'indiquer, comme par le passé, tel bon traité complet, que je sais, de tel savant professeur.

Je ne suis pas inquiet sur le sort de mes deux nouveaux petits volumes, car ils recevront bon accueil de quelques collègues, et ils m'ont été demandés souvent par des mères qui veulent rester le plus longtemps possible les répétiteurs de leurs enfants. Ce sera leur guide au milieu de la modeste bibliothèque qu'il convient de grouper autour du Petit Buffon illustré et des jolies pages du Fabuliste. Plusieurs livres de la Bibliothèque bleue des Merveilles sont excellents, le Fond de la Mer par Sonrel, l'Intelligence des Animaux, l'Amour maternel, etc On peut emprunter au volumineux bagage de L. Figuier les pages remplies de bonne humeur, par exemple le « Connais-toi toi-même ! » J'aime le Cours professé par le regretté P. Bert aux Jeunes Filles. Quelques ouvrages, sur telle région, l'Australie, la Malaisie, sont recommandables quand la faune et la flore sont soignées. Et parfois, tel article de journal : certaines chroniques du Temps, sur la chasse ou sur le jardinage sont des bijoux.

Charbonnières (près Lyon), 8 septembre.   E. LORQUET.

I

COURS DE GÉOLOGIE

1er Semestre

Ire LEÇON

INTRODUCTION

I. — Géologie signifie : étude de la terre (Géô terre, Logos, étude). Cette science étudie le sol et sa formation. Elle examine les **terrains** dont la superposition constitue l'**Ecorce Terrestre** ; elle explique comment chacun d'eux s'est formé ; elle décrit les êtres **Fossiles** qui vécurent à ces dates reculées, animaux et végétaux aujourd'hui disparus. Certains fossiles caractérisent certains terrains. Science moderne, essentiellement française, la Géologie a été fondée par le génie de Cuvier et de Lamarck ; et elle a beaucoup progressé grâce aux travaux de d'Orbigny, Elie de Beaumont, Cordier. C'est elle qui révèle aux ingénieurs les gisements de houille, les carrières de pierres utiles, les minerais des métaux usuels, les filons de métaux rares ou de pierres fines. On la consulte pour percer un tunnel, creuser un puits artésien, couper un isthme. Docile à ses conseils, on arrête les flots avec la digue, on fixe les dunes avec les pins, on empêche les ensablements avec la drague, on reboise les montagnes.

II. — Notre Planète. — La terre est une *Planète* qui tourne sur elle-même en 24 heures ; et autour du soleil en 365 jours 1/4. De même que ses sœurs, Vénus, Mars, Saturne, ce fut d'abord une *Nébuleuse*, agglomération pâle et peu dense de vapeurs en feu, de gaz brûlants. Elle se condensa, et devint une sorte d'étoile, un petit soleil : Photosphère *brillante*, entourée d'une atmosphère ardente. Le refroidissement solidifia une mince croûte, à l'extérieur de cette sphère devenue liquide. Ce fut le début de l'**Ecorce terrestre**, la base des autres terrains, constituée par les **Granits primitifs**. Enfin les vapeurs de l'atmosphère refroidies purent se condenser en Pluies incessantes, et ce déluge bouillant forma autour du globe un Océan universel. Quand la température de l'eau devint modérée, la **Vie** apparut ; alors naquirent les premiers êtres, Algues et Protozoaires.

Pendant que les Granits primitifs s'épaississaient, par la solidification des régions sous-jacentes, l'Océan déposait sur eux les Sédiments ou Matériaux, qu'il avait tenus en suspension, ou en dissolution, avec les carapaces des êtres vivants. Telle fut l'origine des **terrains sédimentaires**, surnommés **stratifiés**, parce qu'ils se déposèrent parallèlement, horizontalement. Disposition régulière, qui a été souvent troublée par les dislocations de l'écorce terrestre, fendillements, contractions, soulèvements, provoqués par la solidification des granits. Le feu central était alors une réalité formelle ; il se manifestait par des épanchements grandioses, assez calmes, couvrant des espaces considérables, **Eruptions** dans lesquelles dominaient les granits et les porphyres ; — les laves étant relativement récentes.

Les grands *Soulèvements* de montagnes résultent de l'association de mouvements lents, et prolongés, avec quelques brusques commotions. On les a classés en une vingtaine de systèmes ; c'est ainsi que les **Alpes (nº 16)** sont très jeunes par rapport aux **Ballons** des Vosges et d'Alsace (**nº 6**). Au voisinage des éruptions les Sédiments ont changé de structure : la chaleur, la pression, les vapeurs ont contribué à les transformer, par une demi-cristallisation ; ils sont dits alors **Métamorphiques** : ainsi s'est constituée la structure feuilletée, *schisteuse*, des Ardoises ; ainsi le calcaire vulgaire est devenu un Marbre précieux.

En résumé, l'Ecorce Terrestre résulte de deux sortes de formations : **1º les Terrains Ignés**, produits par le feu ; granits primitifs et éruptions : la silice y domine ; ce sont des silicates : **2º** les Terrains **Sédimentaires** ou **Stratifiés**, d'origine aqueuse, déposés par les eaux salées de la mer et des sources, — et par les eaux douces des lacs et des fleuves : calcaires, argiles, sables, gypse, sel, accompagnés d'une infinité de carapaces de fossiles, animaux et végétaux. Une mention spéciale pour la carbonisation des plantes : tourbe, lignite, **houille**.

III. — CHALEUR INTERNE. — Il est peu probable que le noyau de notre planète soit solide et froid. De nombreuses raisons s'accordent à prouver que c'est une masse liquide et brûlante, la pyrosphère. Quoi qu'il en soit, il fait excessivement chaud à une faible profondeur, comme le prouvent les *Eaux Thermales et les Volcans*. On sait que les réactions chimiques suffisent pour développer une énorme chaleur, surtout en présence de l'eau, et l'on remarque que précisément tous les volcans sont au bord de la mer ou de lacs. Lémerie faisait de petits volcans « artificiels » en mêlant du soufre en poudre à de la limaille de fer ; il arrosait d'eau, recouvrait de terre, et bientôt on assistait à une explosion en miniature. En s'unissant, les deux corps dégagent beaucoup de chaleur ; l'eau se vaporise ; or, la force expansive de la vapeur d'eau est formidable. C'est elle qui donne leur violence à nos volcans modernes, comparés à une chaudière qui éclate.

Quand on descend dans une mine, la chaleur croît de 1 degré pour 30 à 33 mètres. Les puits artésiens de Passy et de Grenelle amènent, d'une profondeur de 550m, une eau tiède à 30°. A Rochefort, le puits de 850m atteint 42°. Les eaux thermales de Chaudesaigues ont 85°. Les **Geysers** d'Islande sont d'énormes jets, d'une eau plus que bouillante, car elle a 120°, à cause de la présence d'une Silice gélatineuse qui durcit sur leurs bords. Certaines coulées de lave ont mis 40 ans pour se refroidir. On admet que tous les corps connus, même les plus rebelles au feu, soit difficilement fusibles comme le platine (2,200 degrés), soit absolument *réfractaires* comme l'argile, sont fondus ou volatilisés à une profondeur de 15 à 20 lieues. Ainsi l'Écorce Terrestre aurait **20 lieues** d'épaisseur. Or, le rayon du globe a près de 1,600 lieues : le rapport est donc $\frac{20}{1600} = \frac{1}{80}$.

IV. — Aplatissement polaire. — De même que les autres planètes, notre globe est aplati au pôle, et renflé à l'équateur. La différence des 2 rayons (1594—1589 = 5) est de 5 lieues : le rapport est de $\frac{5}{1594}$ environ $\frac{1}{300}$. Et l'on en conclut que les planètes ont passé par l'état liquide. On démontre, en effet, qu'une sphère liquide qui tourne sur elle-même, s'aplatit au pôle, et se renfle à l'équateur. M. Plateau fait tomber quelques gouttes d'huile dans une essence de même densité que l'huile : celle-ci forme une boule qui demeure suspendue dans l'essence, sphère que le physicien traverse avec un axe quelconque, une aiguille à tricoter. Il fait tourner l'aiguille ; la rotation se communique à la boule d'huile : elle tourne, elle s'aplatit aux pôles. Et si la rotation s'accentue, le renflement équatorial se détache sous forme d'un anneau, ce qui explique la formation de l'anneau de Saturne.

Le Cours sera divisé en 3 parties : l'étude des *Phénomènes géologiques* actuels ; quelques notions sur les *Roches* les plus importantes, et l'examen sommaire des *Principaux Terrains*.

Note. — Quelques mots sur les 5 phases probables de la **matière cosmique** : nébuleuse ; étoile ou soleil ; *planète ;* lune ; fragments d'aërolithe.

———

Ire PARTIE DU COURS

PHÉNOMÈNES GÉOLOGIQUES ACTUELS

Les manifestations de la nature nous intéressent pour trois raisons. Elles nous expliquent comment le relief du Sol s'est modifié dans les temps historiques, et pourquoi il se modifie actuellement sous nos yeux. Elles nous apprennent ce qui s'est passé autrefois et comment la terre s'est formée. Elles nous font entrevoir les modifications futures. Bref, en Géologie, le présent explique le passé et fait présager l'avenir. Les phénomènes géologiques actuels nous donneront une idée exacte, quoique affaiblie, des phénomènes d'autrefois : action des eaux, leurs dépôts chimiques, rôle des êtres vivants, glaciers, mouvements du sol, volcans, etc.

I. — ACTION DES EAUX

Les Eaux rongent, transportent, déposent; après avoir détruit, elles construisent.

1º **La Mer** ronge ses bords, et, à égalité de dureté, elle détruit plus vite les promontoires exposés aux *courants marins*. Les petits courants locaux sont très énergiques : il y a beaucoup plus de tempêtes au Tréport qu'à Dieppe. Parmi les grands courants, le plus connu est le **Gulf Stream**, qui amène sur nos côtes occidentales la chaleur du golfe du Mexique, et des nuages chargés de pluie. L'inégalité de dureté, des roches, détermine les reliefs accidentés des promontoires plus solides, et des anses moins résistantes. La destruction causée par les vagues est moindre sur les rochers granitiques de la Bretagne que sur les falaises crayeuses de la Normandie.

La Manche s'élargit des deux côtés, d'environ 60 mètres par siècle, et vingt fois plus à certaines places. C'est un curieux spectacle que l'aspect déchiqueté de nos falaises normandes, du Tréport à Cabourg ; je vous recommande la traversée en bateau de Dieppe au Havre, avec arrêt à *Etretat*, qui montre « 2 portes » creusées dans la roche, comme 2 arcs de triomphe ; et une pyramide, isolée dans les flots « l'Aiguille ».

Les vagues brisent les rochers en **galets**, arrondis, qui forment ces digues naturelles ou *Cordons Littoraux* que l'on consolide de plus en plus ; ils bordent les deltas; ils séparent la mer des étangs voisins. Une action plus puissante émiette la roche en **Sables** dont la majeure partie élève le fond de l'Océan. Une autre forme, dans certaines régions, (Landes, Pas-de-Calais) des monticules mouvants, les **Dunes**, qui envahissent les terres, chassées par le vent qui souffle régulièrement de la mer. On cite des dunes de 90^m, progressant de 20^m. par an. Les champs devenaient stériles ; des villages étaient ensablés. Bremontier fixa les dunes en plantant des **pins maritimes** : le résultat a été excellent dans les Landes. Pour les Hollandais, les dunes sont des digues protectrices, qu'ils consolident en cultivant, à la surface, une sorte de jonc, les hoyas. On utilise aussi le Carex (Laîche) et l'Elyme des sables. Pourvu que la surface soit immobilisée, la dune est fixée.

Lecture. — Résultats des plantations de pins en Gascogne. Disparition sous les flots, de forteresses et de villages, des deux côtés de la Manche.

IIe LEÇON

ACTION DES EAUX *(Suite)*.

2° Cours d'Eau. — Alimentés par la fonte des neiges, ou des lacs élevés, les *Torrents* se précipitent avec violence, entraînant de la terre, des blocs, des arbres. Ils se réunissent aux *Ruisseaux*, plus réguliers, entretenus par les sources et les pluies, pour former les rivières et les fleuves. Pendant longtemps, le courant est assez rapide pour ronger les berges, surtout du côté saillant. Ces **Erosions** des cours d'eau nous expliquent comment se sont creusées, jadis, les Vallées, sous l'action impétueuse de fleuves très larges et très violents. La Seine montait jusqu'aux trois quarts du mont Valérien. — A ces phénomènes de destruction et de transport succèdent les dépôts.

Les blocs arrondis, les galets aplatis, le gros sable, se déposent les premiers. Il faut que le cours d'eau coule lentement pour abandonner le sable fin, et le *limon*, mélange fertile de terre, de débris végétaux et de sable. Alors le lit du fleuve s'élève : on doit l'endiguer, élever ses parapets. A Ferrare, la hauteur du fleuve dépasse celle des maisons. Les sédiments s'accumulent à l'embouchure qu'ils obstruent, rendant la navigation difficile : du Havre à Honfleur, bien qu'on emploie continuellement la drague, il faut faire un détour. Le lit du fleuve se prolonge dans la mer, révélé par sa teinte jaune : et ce *Chenal* est limité, en avant, par une muraille, la **Barre**, qui s'oppose à l'entrée des grands navires et, ensuite, des barques plates. Les eaux troubles du Rhône se détachent très loin sur l'azur du lac de Genève ; le Gange porte ses eaux limoneuses jusqu'à 25 lieues. Il faut 2 jours pour franchir la barre et les ensablements du Mississipi. — Le fleuve finit par se fermer complètement ; alors une inondation violente forme un nouveau bras. Le Rhône en a plusieurs, dont aucun n'est complètement navigable. Le Pô en a eu 7 successivement. Entre ces bras, les **Alluvions** accumulées constituent un terrain triangulaire, conquis sur la mer : c'est le Delta Δ ; fertile si le limon domine (Nil), stérile si ce sont les cailloux roulés (la Camargue a 75 kil. carrés).

Faire du *Colmatage*, c'est utiliser le limon, le répandre sur un terrain stérile : le Rhône en déverse dans la Méditerranée plus de 20 millions de mètres cubes par année : on songe à l'employer à fertiliser la Camargue. Les Egyptiens faisaient du colmatage naturel en réglementant les inondations périodiques du Nil : leur pays était le grenier de Rome avec la Sicile, aujourd'hui stérilisée par les déboisements. Le colmatage sur les rives de la Durance a enrichi la moitié du département de Vaucluse : Salon, Cavailhon envoient leurs légumes sur nos marchés parisiens.

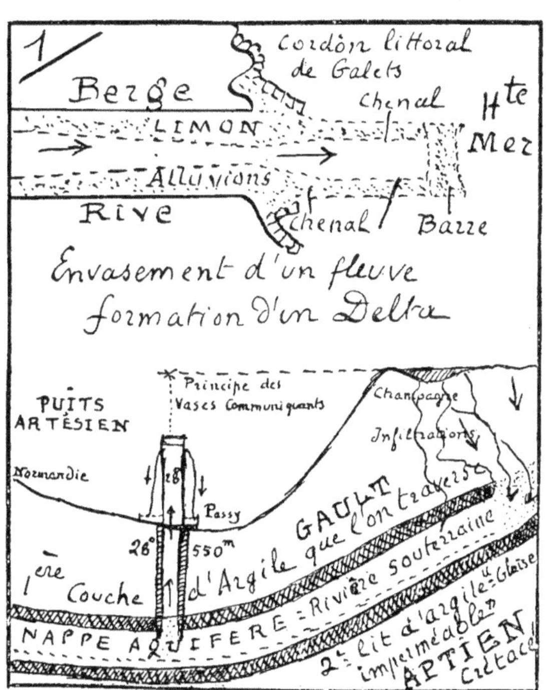

3° **Rivières souterraines**. — Les cours d'eau forment des *Cascades* qui tombent d'un niveau plus dur sur un lit plus tendre. En rongeant progressivement le niveau inférieur, en y faisant tournoyer des galets, la cascade creuse les « marmites de géants », si remarquables à Lucerne. Elle peut aussi percer la roche sous-jacente, ou bien y pénétrer par des fendillements, et voilà constituée une rivière souterraine. Les plus célèbres creusent des galeries, des grottes, et disparaissent dans le gouffre qu'elles ont percé, pour reparaître plus loin ; les grottes du Han, les gorges de Pfeiffer, la fontaine de Vaucluse. En s'infiltrant davantage, l'eau coule jusqu'à la première couche imperméable d'argile, et lorsque ce lit finit par affleurer, une **Source** est constituée. Pour former un *Puits* ordinaire, il suffit de percer jusqu'à la rivière souterraine, qui filtre d'ordinaire à travers le sable. Et pour un **Puits artésien**, il est bon que la *Nappe aquifère* soit endiguée entre 2 lits d'argile, dont on traverse le premier. En vertu du principe des Vases Communiquants, l'eau tend à s'élever aussi haut que son point d'origine, mais les nombreux frottements et la résistance de l'air s'y opposent. Venant des profondeurs, l'eau des Puits artésiens * est tiède. Nos premiers furent forés dans l'Artois * . L'Algérie en est remplie. Ceux de Grenelle et de Passy sont alimentés par des eaux qui descendent des sommets champenois : ils donnent à eux deux 13.000 litres par minute, d'une eau qui a 28°, venant de 550 mètres.

4° **Inondations**. — Au printemps, quand les pluies sont trop prolongées, ou bien lorsque la fonte des neiges est trop rapide, des torrents s'improvisent de tous côtés ; les ruisseaux se gonflent, les rivières sortent de leur lit, les inondations dévastent la contrée. Le mal arrive à son maximum lorsque l'accumulation de débris forme une digue momentanée, derrière laquelle l'eau a bientôt produit une sorte de lac : car la rupture de cette digue détermine une trombe immense, plus terrible qu'un ouragan sous l'Equateur. Ces sinistres sont fréquents, de nos jours, dans les pays que l'on a déboisés, sans souci de l'avenir. La végétation retient l'énorme quantité d'eau dont elle a besoin ; les racines maintiennent solidement la terre ; les forêts sont le meilleur rempart contre l'inondation ou contre l'avalanche. En déboisant des régions, jadis prospères, on les a ruinées : une partie de la Provence et des Pyrénées, la Sicile, un tiers de la Tunisie. La dévastation a remplacé les riches cultures. Il est grand temps d'y remédier, commme lorsqu'il s'est agi de fixer les Dunes. Certains arbres poussent rapidement, d'autres sont d'un bon rapport : et, en attendant, on permettra au gazon d'étendre, vite et presque sans frais, son tapis protecteur qui supprime les Inondations.

Lecture. — Un puits artésien. La fontaine de Vaucluse.

Exercice. — Après chaque leçon, étudiez l'un de nos **Grands Cours d'eau**. Disposez vos notes, à ce sujet, en un Tableau, placé à la fin de votre cahier de géologie. De temps à autre, vous ajouterez le nouveau détail qui vous aura intéressés. Prenons pour exemple le **Rhône**. Il sort de son Glacier à 1790^m d'altitude. Il forme dans l'azur du lac Léman une longue traînée jaunâtre, entre Villeneuve et Bouveret. Le pont de Genève, qui précède l'île J.-J. Rousseau, a 370 pas. Ancienne « Perte du Rhône » à Bellegarde, abîme que l'on franchit d'un bond : utilisation de cette chûte. Cours majestueux à travers Lyon, Vienne, Valence, Avignon, Arles. Formation de la Camargue. L'élève studieux soignera ce travail ; il le complètera par les **Canaux**.

IIIe LEÇON

II. — DÉPOTS DES EAUX
par précipitation chimique.

Quand l'eau s'évapore, elle laisse déposer les substances qu'elle tenait en dissolution.

1° **La Mer** a formé des Etangs salés sur nos côtes du Midi, des Lacs salés en Algérie, et de petites mers intérieures comme la Mer Morte. L'évaporation augmente le degré de salure : les eaux de la Mer Morte sont très denses. Certains lacs desséchés sont couverts d'une épaisse couche de sel. Pour obtenir le **Sel marin**, on concentre l'eau de mer dans les canaux, en pente douce, des Marais Salants. Dans ses recherches minutieuses, Dieulafait a constaté d'abord un léger dépôt de calcaire : le **Sel** est accompagné d'un peu de gypse, tout comme le Sel Gemme exploité dans les mines. Après la précipitation du sel, le liquide concentré (nommé *Eaux-Mères*) renferme de la magnésie, de l'iode, du brôme, qui lui donnent de grandes qualités réconfortantes, et que le chimiste sait extraire. Enfin un léger dépôt d'Acide Borique.

2° **Les Sources Minérales** ont dissous, dans le sol, les substances qu'elles déposent, en venant s'évaporer à la surface. Elles sont très nombreuses dans les régions volcaniques, d'autant plus que l'eau chaude de ces Sources Thermales dissout beaucoup mieux que l'eau froide. Les **Sources Salées**, analogues à l'eau de mer, déposent du **Sel**, identique à celui de l'Océan ; et les Eaux-Mères sont très précieuses en médecine: Salies de Béarn. Les **Sources Gypseuses** abandonnent du *Gypse* ou Pierre à Plâtre. Quand l'eau d'un puits a coulé sur le plâtre, comme à Montmartre, on la dit *Séléniteuse* : elle est impropre au savonnage et à la cuisson des légumes, à moins que l'on ne décompose le plâtre par un *nouet* de cendres. On connaît des eaux assez riches en acide Sulfurique SO^3 pour transformer le calcaire du sol en sulfate de chaux ou gypse SO^3,CaO. Dans les dépôts anciens, le gypse accompagne toujours le Sel Gemme. Les **Sources Magnésiennes** sont purgatives: Sedlitz, Pulna, Epsom. Quand les **Sources Ferrugineuses** sont limpides, elles combattent l'anémie en formant des globules rouges: Bussang, Orezza, Charbonnières. Mais si la proportion d'**Oxyde de Fer Fe^2O^3** est très grande l'eau prend la couleur de cette rouille, et ses dépôts ocreux peuvent être importants. Ainsi s'explique la formation, dans les temps géologiques, de minerais considérables en Franche-Comté, en Suède. Les **Geysers** de l'Islande bondissent, par intermittences, à 40 ᵐ, et déposent leur *Silice* gélatineuse. Les **Lagoni** de Toscane sont de petites mares, chauffées par des vapeurs brûlantes (Soffioni) qu'exhalent les crevasses d'un sol volcanique. Ces vapeurs servent à concentrer le liquide, qui dépose une substance assez utile, l'*acide Borique*.

Les plus connues sont les Sources calcaires, surnommées **Incrustantes, Pétrifiantes**. Elles ont dissous un excès de calcaire, grâce à leur richesse en Acide Carbonique. Quand elles affleurent, ce gaz s'exhale, et l'excès de calcaire se précipite. Si la source tourbillonne, les petits grains ne se déposent qu'après avoir acquis la dimension des œufs de poisson. Ainsi s'explique la production, jadis, des calcaires très grenus ou *oolithiques*. Dans quelques sources et dans certains golfes, le tourbillonnement des grains les a rendus aussi gros que des pois : c'est la pierre *pisolithique*. En tombant goutte à goutte, dans les cavernes, une eau calcaire dépose des aiguilles descendantes, creuses, cristallines, translucides, sorte d'albâtre, les **Stalactites** ; et, au-dessous, des cônes ascendants, qui finissent par se réunir aux aiguilles, les **Stalagmites**. On admire les plus belles formations de ce genre dans les Grottes du Han (Belgique): la visite dure 3 heures, sous terre, à travers une vingtaine de « Salles », reliées par d'étroits couloirs : je n'ai rien vu de plus curieux. En Algérie, aux bains de Mascoutin, le calcaire forme des cônes de 10ᵐ : on croirait voir les tentes d'un camp militaire, ou les pyramides de sel qui bordent in marais salant. Les concrétions célèbres du Sprüdel, à Carlsbad, sont teintées d'oxyde de fer. A Tivoli, près de Rome, et en Toscane, à Saint-Philippe, les dépôts sont assez puissants pour être utilisés comme belle pierre de construction : c'est le **Travertin**, beaucoup plus compact que le Tuf calcaire.

Lorsqu'on plonge dans ces eaux **pétrifiantes** un objet quelconque : feuille, nid, panier, il est bientôt recouvert d'une croûte pierreuse, par une pétrification purement **extérieure**, qu'il ne faut pas confondre avec les profondes incrustations, calcaires ou siliceuses, de tant de fossiles. Imitant la galvanoplastie, on peut reproduire en calcaire fin de petits objets artistiques, médailles et bas-reliefs. Nos sources incrustantes d'Auvergne sont remarquables : Saint-Allyre, faubourg de Clermont-Ferrand, où plusieurs sources rivales se disputent les visiteurs, et Saint-Nectaire. On y a pétrifié des carcasses d'animaux : l'eau a édifié des ponts massifs.

III. — Rôle géologique **de quelques** êtres vivants. — Ce sont les plus petits qui ont joué le rôle le plus grand :

1° **Animaux**. — La drague amène, du fond de l'Océan, une boue crayeuse, qui est de la **Craie** en formation. Elle est constituée par l'agglomération des carapaces calcaires de petits animaux, *Foraminifères ou Rhizopodes*. Un gramme du sable de la mer des Antilles ou de l'Adriatique, renferme 30,000 de ces coques, percées de trous qui livrent passage aux tentacules du protozoaire. La **Craie** a été formée par des Foraminifères fossiles : en l'examinant au microscope, on admire l'élégance de ces « tests » agglutinés ensemble par un fin ciment calcaire. Or, il existe des falaises de 150^m, des bancs de craie de 200^m : les infiniment petits ont joué un rôle infiniment grand. — Les carapaces des *Radiolaires* sont souvent siliceuses : elles ont contribué à former le **Tripoli** *. D'autres « coques » sont faites d'oxyde de fer, et leur agglutination constitue d'importants gisements de ce. minerai. Citons aussi les amas de *piquants* d'Echinodermes et d'Eponges.

Dans les mers tropicales prospèrent les polypiers des *Madrépores* et des *Coraux* : ils forment des rochers, des bancs, des barrières : et de grandes îles, circulaires, basses, les **Atolls**. Ces êtres ne dépassent pas le niveau de l'Océan de plus de 2 à 3 mètres, et ils ne descendent guère au-delà de 30 mètres sous l'eau. Ils se plaisent au sommet des montagnes sous-marines et des volcans éteints. Parfois aussi la forme de l'atoll s'explique par un mouvement lent et prolongé du sol. Le centre de l'île est une lagune que l'évaporation rend de plus en plus salée. Les flots et les vents apportent peu à peu de quoi rendre l'atoll habitable : des débris, du limon, des graines. L'Océanie est remplie d'atolls : îles Pomotou, Archipel Dangereux ; Barrière N.-E. de l'Australie. Voilà qui nous explique la formation des terrains, dits « *Coralliens* », criblés de madrépores et d'encrines. Les mollusques, eux aussi, ont joué un rôle considérable ; certains **calcaires coquillers** ou 𝔊𝔬𝔫-𝔠𝔥𝔶𝔩𝔦𝔢𝔫𝔰 sont criblés de coquilles volumineuses, presque sans ciment. Ainsi, aux portes de Lyon, sur les collines du Mont d'Or, les villages sont bâtis avec une pierre très ancienne, formée par l'agglutination de grosses coquilles de Gryphées ou Huîtres à crochet. On l'exploite de Saint-Germain à Tarare : elle sert à Lyon pour le sous-sol, tout comme la meulière à Paris. — L'accumulation des tubes spiralés de la **Serpule** est parfois remarquable. A l'époque Tertiaire, les lacs de l'Auvergne étaient remplis des larves d'un insecte, la **Frigane**, qui s'abritent, elles aussi, dans un tube calcaire, formé parfois de petites coquilles, — remplis à tel point qu'un terrain, le **calcaire à indusies**, résulta de la cimentation de ces tubes de friganes. — A l'inverse des précédents, les êtres Perforants ou 𝔏𝔦𝔱𝔥𝔬𝔭𝔥𝔞𝔤𝔢𝔰 détruisent les roches : la **Pholade** est un mineur, phosphorescent, qui consume son existence à percer les rochers les plus durs (**Tome** III, Polypiers et Foraminifères, page 135).

2° **Végétaux**. — Quand on essaye un microscope, on emploie les carapaces ou Tests des **Diatomées** : ces petites algues siliceuses étant des merveilles de délicatesse. L'embouchure de quelques fleuves, le fond de certaines mers s'élèvent par l'accumulation des diatomées. Berlin et Richemond reposent sur un terrain siliceux de ce genre. C'est l'agglutination de ces algues (et des Radiolaires) qui constitue le **tripoli** *, employé pour polir. — On surnomme les *Lichens* « pionniers de la végétation » parce qu'il n'y a qu'eux qui puissent vivre sur les laves : ils les désagrègent peu à peu ; un terreau se forme, et rend possible une végétation supérieure. Tel paysage du centre de l'Auvergne, jadis morne et désert, doit sa beauté actuelle à l'humble lichen.

La carbonisation lente de certaines plantes en présence de l'eau forme un combustible passable, ressource des régions froides dans le Nord : la **Tourbe**. Cette décomposition s'effectue surtout dans les marais : la Picardie est remplie de tourbières. Les végétaux qui dominent sont les roseaux, les joncs, les carex : et, d'avantage encore, les plantes les plus simples, les *Cryptogames*, dépourvues de fleurs : fougères, prêles, mousses, conferves ; tout spécialement les **Sphaignes** ou **Mousses blanches**. Parfois aussi la tourbe se forme à la surface de rivières ou de lacs, et dans les golfes paisibles des fleuves ou de la mer. On l'exploite tous les 7 ans : on la sèche au soleil. Depuis qu'on prend la peine de la sécher dans des fours, on obtient un assez bon combustible que recherchent certaines industries (verriers). La formation de la tourbe nous explique celle de la **houille**, par la carbonisation complète de grandes *Cryptogames fossiles*, aujourd'hui disparues : fougères, prêles, lycopodes. Le *Lignite* * est intermédiaire, houille incomplètement formée. Son nom indique qu'il montre les fibres du bois *, c'est un combustible passable. Le Jais est un lignite brillant, parure pour deuil.

Notions sur l'exploitation des Marais Salants et des Tourbières.

IVᵉ LEÇON

IV. — PHÉNOMÈNES ATMOSPHÉRIQUES

Leur étude est une branche importante de la Physique, la *Météorologie*. Empruntons lui quelques indications. Les **Vents** réguliers, comme l'Alizé, transportent les sables, découronnent les sommets, disséminent les graines ; on trouve sur les côtes de Norwège certaines plantes originaires des Antilles. Ce sont des destructeurs terribles, les ouragans, les cyclones. La **Pluie** ronge les pierres les plus dures, un peu par son action mécanique, un peu par son pouvoir dissolvant, et beaucoup par sa propriété corrosive, qu'elle doit au gaz carbonique. Le sol est raviné et déchiqueté par elle. Sur des roches très anciennes, on voit les empreintes de la pluie de cette époque. Les premières pluies, bouillantes, ont désagrégé les Granits Primitifs. Aujourd'hui, la décomposition lente du granit par le gaz carbonique de la pluie, des infiltrations et de l'humidité, donne un mélange de sable et d'argile ; on trouve la plus pure, *Kaolin* ou Terre à porcelaine, dans les sols granitiques (St-Yrieix). L'architecte bannit de ses travaux les pierres poreuses, dites *Gélives*, parce que la **Gelée** les fait éclater. L'eau qu'elles contiennent se glace en hiver, et cette congélation augmente son volume avec une force d'expansion extraordinaire. Si l'on congèle de l'eau dans une bombe d'acier, elle éclate ; ainsi

s'explique les effets désastreux d'un hiver rigoureux sur les végétaux.

Parfois, l'association des diverses causes de destruction que
nous venons d'indiquer détermine de formidables **Eboulements**.
C'est le sort des collines dont la base est rongée par des torrents
ou un lac. Le vent, la pluie, l'orage, les gelées peuvent miner
cette base de plus en plus ; la masse surplombe, et la partie supérieure se détachant, glisse sur le reste, et tombe dans la vallée
comme l'avalanche formée par un amas de neige dont la base a
fondu. La Suisse a subi de désastreux éboulements ; tout récemment à Elm, Zug, Chancelade ; à la Gemmi (11 7bre 95). La catas-
trophe de Goldau excitera votre intérêt, 2 septembre 1806.

V. — GLACIERS

Au sein des *Neiges Eternelles*, à 2,700 m. dans les Alpes, la
condensation de la neige comprimée, forme et alimente, la *Mer de
glace*. La partie inférieure du glacier descend vers la plaine,
comme un *Fleuve de glace*, en se moulant exactement sur les
flancs de la vallée qui l'encaisse. Environ 100 m. par an. Puis elle
semble reculer d'autant, en été, lorsque le soleil fait fondre cette
région frontale, pour produire les torrents et les fleuves. Ayant
fixé des bâtons, en guise de repère, de Saussure a constaté que le
glacier de l'Aar se déplace d'environ 75 m. Cette **plasticité** de la
glace provient de ce qu'elle fond, sous une pression notable, pour
se resouder ensuite. Tyndall plaçait des glaçons et de la neige
entre 2 hémisphères métalliques qu'il vissait l'un sur l'autre ; et il
en retirait une boule de glace compacte, transparente, sans fissures, comme un globe de verre.

Dans sa marche descendante, le glacier entraîne des blocs dont
les bords s'arrondissent. Ces murailles mobiles qui l'encadrent
constituent les **3 Moraines**: deux latérales et une frontale. Et
si 2 glaciers se rencontrent, 2 des moraines latérales en forment
une médiane. Quant aux blocs sous-jacents, ils frottent le sol, ils
le polissent, et leurs arêtes aiguës y tracent des stries longitudi-
nales *. Lorsque la tête du glacier s'étend loin de la Mer de glace,
les blocs arrondis de la moraine frontale ne ressemblent pas aux
roches voisines : ils sont dits **Blocs erratiques**. On peut affirmer
qu'un glacier a existé quelque part s'il y a concordance de ces deux
caractères : des blocs erratiques ; et un sol *moutonné, mamelonné,
poli, strié* *, ancien lit du glacier. C'est ainsi qu'à une époque
relativement récente (Période glaciaire), l'Europe, brusquement

refroidie, fut couverte de glaciers. Il y en avait 3 dans nos Vosges ; plusieurs dans le Jura. Un glacier long de 70 lieues descendait des Alpes et trifurquait vers *Bourg*, **Lyon** *et Vienne*. Sur la colline de Fourvières quelques blocs erratiques, d'un granit alpestre, représentent ce qui reste de la moraine frontale. (Il y eut aussi un abaissement de température au XIIIᵉ siècle, mais moins accentué : alors s'éteignit la prospérité des colonies danoises au Groënland, et l'Angleterre cessa de cultiver la vigne). L'Himalaya, les Andes, la Nouvelle-Zélande possèdent de magnifiques glaciers dont l'altitude est double de ce qu'elle est dans les Alpes. La limite des « Neiges éternelles » dans les Cordillères, sous l'Équateur, est à 4.900 mètres d'altitude.

Quand la neige s'est accumulée en équilibre instable, il suffit du plus léger ébranlement de l'air, le vol d'un oiseau, une parole à voix haute, pour qu'elle tombe en *avalanche,* engloutissant les voyageurs, dévastant la vallée. Il est heureux que la fusion de la glace exige une énorme chaleur : sinon les inondations seraient plus fréquentes et plus terribles. On nomme **Banquises**, **Ice-Bergs**, les glaces flottantes qui se sont détachées des glaciers de Norwège ou des régions polaires. Elles descendent vers les mers chaudes où elles fondent, entraînant des blocs erratiques qu'elles déposent sur les côtes du Danemark et de l'Ecosse. Leur rencontre est redoutable pour le navigateur : parfois l'équipage abandonne son vaisseau pour chercher un refuge sur la banquise elle-même.

VI. — MOUVEMENTS DU SOL

1ᵒ Lents. — Des mouvements continus, réguliers, influent sur le relief du sol, d'autant plus qu'ils intéressent des régions considérables. Le premier étudié fut l'élévation du nord de la Suède, mouvement qui se fait sentir jusqu'au Kamschatka. On observa que le niveau de la Baltique baissait de 1 m. 1/2 par siècle. Or, le niveau des mers est constant : c'est donc la côte qui s'élève. Inversement, par une sorte de mouvement de bascule, le midi de la Baltique s'abaisse, et cet affaissement se fait sentir en Hollande et jusqu'en Bretagne. C'est une deuxième raison, ajoutée au recul des falaises, qui explique l'élargissement de la Manche depuis le Moyen-Age, l'engloutissement de villages et de forteresses. Jadis, Jersey était (comme Oléron) séparée de la côte par un fossé, qu'on franchissait sur une planche.

Le littoral de la Méditerranée s'élève en France et en Italie ; c'est pourquoi l'eau semble se retirer. D'anciens ports de mer sont maintenant loin du rivage : Aigues-Mortes, où s'embarqua Saint-Louis ; Fréjus, qui est élevé à une lieue au-dessus de Saint-Raphaël. En Italie, Ravenne, Adria. Sa côte volcanique a subi bien des alternatives. A Pouzzoles, le temple de Sérapis est percé par les pholades, en son deuxième tiers seulement : la base, intacte, était donc ensablée. Il y a eu abaissement et redressement du rivage. Sur toute la terre s'observent des mouvements continus ; ils contribuent à former les Atolls dans le Pacifique. Le fond s'élève de la Nouvelle-Guinée à la Nouvelle-Zélande ; et, des deux côtés, il y a affaissement : de l'Australie, à la Nouvelle Calédonie ; des Carolines aux Iles de la Société. La continuité de mouvements lents a joué le rôle capital en Géologie ; c'est elle qui a donné à la terre son relief actuel.

2° Brusques.—Les plus curieux mouvements sont ceux qui ne se rattachent pas, d'une manière apparente, à quelque cause volcanique. Ils proviennent d'une dislocation souterraine, d'une contraction dans les profondeurs du sol : retrait, fendillements. En 1894, au Japon, de violentes commotions détruisirent beaucoup d'habitations : il y eut 7.000 morts et 100.000 blessés. — Les plus fréquents, dits *Tremblements de terre*, accompagnent les manifestations volcaniques, soit que les volcans de la région redoublent de violence, soit qu'ils s'arrêtent soudain, en pleine éruption. Le plus formidable eut lieu le 1er novembre 1755 : le Vésuve était en éruption ; brusquement il s'arrête ; et la commotion du sol, se propageant jusqu'au Maroc, jusqu'en Amérique, anéantit plusieurs villes et, notamment la capitale du Portugal. **Lisbonne** et les autres ports sont plus exposés, parceque la violence des vagues achève l'œuvre commencée par les secousses du sol. A plusieurs reprises la Calabre a été ruinée par les tremblements de terre : de 1783 à 1786 il y eut 40,000 victimes. Souvent se formèrent de petites flaques d'eau, circulaires. Mêmes sinistres, très fréquents, dans l'Archipel, surtout à Chio et Ischia. En 1759 le plateau du Jorullo, se souleva, non loin de Mexico, et se transforma en un volcan dont la coulée demeura incandescente 40 ans. Toute la côte du Chili s'est élevée de plus d'un mètre en 1835. Les régions volcaniques du centre américain, Pérou, Equateur, Mexique, furent très éprouvées en 1868.

Lecture. — L'éboulement de Goldau. L'anéantissement de Lisbonne.

Ve LEÇON

VII. — VOLCANS

I. — Les Volcans s'ouvrent au sommet des montagnes, ou bien se soulèvent en collines au moment de leur formation. Le monticule terminal, **le Cône d'éruption**, est formé par un amas brûlant de *Cendres*, de petits cailloux (*Lapilli*) et de masses spongieuses de lave, les *Scories*. Il est creusé d'un **Cratère**, cirque arrondi, rougi par les sels de fer : et cette bouche principale est parfois secondée par des bouches latérales, comme on le voit sur les flancs de l'Etna. Presque tous les volcans sont au bord de la mer ou des grands lacs asiatiques ; beaucoup sont situés en plein océan. Les infiltrations du liquide produisent de la vapeur d'eau, dont la puissance explosive donne à nos volcans modernes une violence que n'avaient pas les immenses épanchements du porphyre et du basalte. Il est certain que des réactions chimiques, en présence de l'eau, suffisent pour expliquer les éruptions volcaniques. Lémerie unissait le fer au soufre ; Daubrée humecte des silicates qui, comme la chaux vive, se gonflent, s'échauffent et explosionnent. Et cependant, quand on se rappelle que le Vésuve s'arrêta soudain, en pleine éruption, lors de l'anéantissement de Lisbonne, il ne faut pas trop dédaigner la vieille définition démodée : « Les volcans sont les soupapes de sûreté du feu central. »

II. — **Une Éruption**. — Elle est annoncée, d'ordinaire, par un tremblement de terre : la pression des vapeurs captives bouleverse les profondeurs du sol. 2º Le cratère, plus ou moins obstrué, s'ouvre, pour donner issue à des panaches blancs de Vapeur d'eau, qui retombent bientôt en pluies chaudes, corrosives, dangereuses. Ces vapeurs représentent les 0,99 des déjections volcaniques. 3º Elles sont accompagnées de gaz brûlants, Carbonique CO_2, Sulfureux SO_2, Sulfuré HS, Chlorhydrique HCl ; avec quelques matières salines et des sels de fer. 4º Le volcan lance des Cendres, des *Lapilli*, des Scories. On a pu exhumer Pompéi parce qu'il fût enseveli à sec. Différent a été le sort d'Herculanum : cette ville fut noyée, cimentée, sous une pluie boueuse et des torrents argileux (tuf) et recouverte, à plusieurs reprises, de coulées de laves. C'est pourquoi on a eu beaucoup de peine pour remettre à jour quelques monuments. 5º Parfois de grosses pierres sont lancées, avec des masses de lave liquide qui prennent, en tournoyant, la forme de

Bombes. Quelle accumulation de dangers : vapeurs asphyxiantes qui causèrent la mort de Pline ; cendres et pierres, projetées avec violence, et capables d'engloutir une cité ; torrents boueux et pluies corrosives, devant lesquels la fuite est impossible. **6°** Enfin la **Lave** peut s'épancher, roulant avec lenteur ses flots épais, incandescents. Celle du Vésuve parcourt 15 mètres par minute, celle de l'Etna 8 mètres. Mais beaucoup d'éruptions, incomplètes malgré leur violence, ne se terminent pas par cette suprême et grandiose manifestation. Les plus belles coulées sont celles du Grand-Jokul : elles ont 3 lieues de large et 200 mètres d'épaisseur. Celle du Jorullo mit 40 ans à se refroidir. Parfois le refroidissement détermine une structure régulière, prismatique, dans le genre des basaltes et des trapps.

III. — Les 4 États d'un Volcan. — En général, un volcan passe ou passera par 4 états : le 𝔐onte-𝔑uovo, formé près de Pouzzoles, en 1538, n'a mis que 2 siècles à descendre du 1ᵉʳ rang au 4ᵐᵉ. Nous venons d'étudier le 1ᵉʳ état, le volcan en **Pleine Activité**.

2° En Demi-Activité, le volcan ne rejette ni scories, ni lave : tel est le Stromboli, dont la continuelle colonne blanche de vapeur sert de guide au navigateur : et même de phare, car elle est empourprée par les réverbérations d'une lave qui ne s'épanche jamais. Les **Salzes** sont des volcans boueux, qui ne rejettent qu'une boue corrosive : à Modène, Girgenti, Carthagène. **3° Les volcans sommeillants**, ou 𝔖olfatares (terres de soufre) ont pour type la Solfatare voisine de Naples. Les crevasses exhalent des *Fumerolles* chaudes, à 110°, mélange des gaz cités plus haut. Il y a dépôt d'un peu de soufre, moitié provenant de la vapeur condensée, moitié de la réaction mutuelle des 2 gaz sulfurés. Les Soufrières exploitées en Sicile ne sont pas des solfatares, mais elles sont voisines de volcans éteints. En Toscane, les *Soffioni* brûlants qu'exalent les crevasses, servent à concentrer l'eau des *Lagoni,* pour obtenir l'acide borique. On peut très bien placer ici les Geysers siliceux, les eaux thermales jaillissantes comme le Sprüdel et Mascoutin, et même les sources de pétrole et de naphte (Caspienne, Canada). En se refroidissant davantage, les solfatares ne dégagent plus que des gaz sulfureux (ils sont mortels pour la végétation ; ils tuent les poissons du lac d'Agnano) et, enfin, du gaz carbonique qui asphyxie dans la Grotte du Chien et dans la Vallée de la Mort, à Java : Tome III, page 33.

4° Volcans éteints. — Ils ont pour type la chaîne demi-circulaire de nos **Puys** d'Auvergne, entourant le plus grand de tous, le Puy-de-Dôme. Sont-ils à jamais éteints ? Près de Naples, la *Somma* était un ancien volcan, couvert d'une végétation splendide et de riches villas, avec des cités et des villages à ses pieds. Or, l'an 79 de notre ère, la Somma se réveille ; un volcan nouveau se forme sur un coin du volcan éteint ; le Vésuve éclate : et cette résurrection ensevelit des milliers de victimes sous les ruines de Pompei, Stabies, Herculanum. Sur les flancs du Vésuve se dressent, aujourd'hui, de nombreuses habitations, entourées de riches cultures, car la fertilité des terres volcaniques est proverbiale ; c'est là que l'on récolte le vin fameux de Lacryma-Christi. L'Etna, lui aussi, est couvert de plantations et de moissons. Si donc les humains habitent les volcans en activité, rien d'étonnant à ce qu'ils ne redoutent pas les volcans éteints. L'éruption du Vésuve, en 1794, anéantit la ville de Torre del Greco, que recouvrit la lave.

Parmi les productions volcaniques les plus intéressantes : d'abord le soufre. Puis les laves : celles d'aujourd'hui sont peu utiles, poreuses, boursoufflées ou vitreuses. Mais des laves assez récentes, comme la *Pierre de Volvic*, ont servi à bâtir Clermont-Ferrand, Riom, etc. Pontgibaud est construit avec une lave caverneuse d'aspect bizarre. A Naples, on emploie pour bâtir, les *Tufs volcaniques* qu'il ne faut pas confondre avec le tuf calcaire ; ce sont des laves refroidies sous l'eau, des mélanges de cendres et de scories cimentées. Le meilleur **ciment hydraulique** durcissant sous l'eau, la *Pouzzolane* ou *Ciment romain*, est cette association de cendres et de lapilli, qui servit aux maîtres du monde à exécuter leurs travaux grandioses : aqueducs, ponts, arènes, ports. On l'imite, mais passablement. La **Pierre-Ponce**, employée pour polir et pour absorber, est une *scorie*, poreuse, légère, dure. Le *Trass* est un conglomérat ponceux. On trouve aussi, sur le bord des cratères, quelques minéraux cristallisés : du gypse, du fer oligiste, des grenats. Certains cratères ont été convertis en lacs ; le lac Pavin, le lac Lucrin, et plusieurs volcans des Apennins.

On connaît 300 volcans ; les uns **Isolés, Indépendants** : Vésuve, Etna, Hécla, Bourbon, Erèbe, etc ; les autres **Communiquants**, en **Série** : Archipel, Amérique, Japon, îles de la Sonde, etc.

RELIEF DE LA TERRE

Ce relief, variable, résulte de tous les phénomènes que nous venons d'étudier et, surtout, des **Mouvements lents, continus**, qui ont contribué à former les montagnes. Les continents occupent le quart de la terre, les océans les $\frac{3}{4}$. La mer couvre *360 millions de kilomètres carrés* et les terres 127; à savoir : Asie 43, Afrique 29, Amérique Nord 20, Amérique Sud 18, Europe 10, Australie 7. L'altitude moyenne des continents * est de **250 m.**, mais on ne connait pas le centre africain. Les hauts sommets s'abaissent continuellement; le relief tend à un nivellement général.

Le fond des mers et des lacs est analogue aux continents voisins; tous deux sont plats dans la Mer du Nord et la Manche ; tous deux sont abrupts, brusquement inclinés, au Canada et au versant sud des Alpes : ainsi le lac Majeur a 860 m. de profondeur. Bref, les mers qui bordent un pays montagneux sont les plus profondes. La Méditerranée est divisée en 2 grands bassins, séparés par un **plateau** qui s'étend de la Sicile à Tunis, et sur lequel on a posé le câble télégraphique. De même, de l'Irlande à Terre-Neuve, se dresse un **plateau** qui a reçu le câble **transatlantique**. Le relief du fond des mers est encore plus accidenté que celui des continents : tandis que la plus haute montagne n'atteint pas 8.900 m., la sonde descend jusqu'à 9.000 m. dans l'Atlantique, et jusqu'à 12.000 dans le Pacifique. Pour la Méditerranée seulement 4 kilom. et dans la Mer des Antilles 2.200 m. La masse totale de l'eau équivaut à un océan général qui aurait **200 m.** de profondeur *. L'hémisphère sud renferme beaucoup plus d'eau que l'autre; il est aussi plus froid, les glaces y sont plus nombreuses. Si l'on prenait Paris pour pôle, le nouvel hémisphère **Sud** ne renfermerait que de l'eau et des glaces. Le niveau des mers qui communiquent est partout le même, et il ne varie pas, parce que l'évaporation de l'océan compense, exactement, l'apport des fleuves.

Lecture. — Réveil du Vésuve l'an 79. — Observations récentes du Dr Palmieri, installé dans le cratère.

VIe LEÇON

2e PARTIE DU COURS : ROCHES IGNÉES

I. Mineralogie. — C'est l'étude des minéraux. On commence par décrire la **Structure** du minéral: celle des trachytes est celluleuse, celle des basaltes homogène, celle du mica lamelleuse, *schisteuse*. Si la structure est **Cristalline**, on la définit, on mesure les angles du cristal et l'on observe le sens suivant lequel on pourra plus aisément le fendre, le « cliver ». On précise la **Densité**, la **Dureté**, la **Fusibilité**. Si le minéral est transparent, on étudie ses propriétés optiques, comment il **dévie** la lumière et la **décompose**. A-t-il des propriétés **magnétiques**? Attire-t-il le fer, comme la *Pierre d'aimant*, ou *Oxyde Magnétique Fe³O⁴*? Lui communique-t-on l'**électricité** en le frottant (*Ambre, Électron*), ou en le chauffant : Tourmaline? Avec la loupe on analyse sommairement. On fait la photographie amplifiée du minéral. Enfin on cherche sa composition chimique : le minéralogiste improvise sur place, une **Analyse** rapide avec le chalumeau et quelques réactifs ; plus tard, dans son laboratoire, il fera une analyse complète. Nous n'insisterons que sur 2 propriétés qui s'accompagnent presque toujours, notamment dans les Pierres Précieuses : le degré de dureté et l'action sur la lumière. Diamant, saphir, topaze sont, à la fois, les minéraux les plus durs, les plus scintillants, et les plus rares.

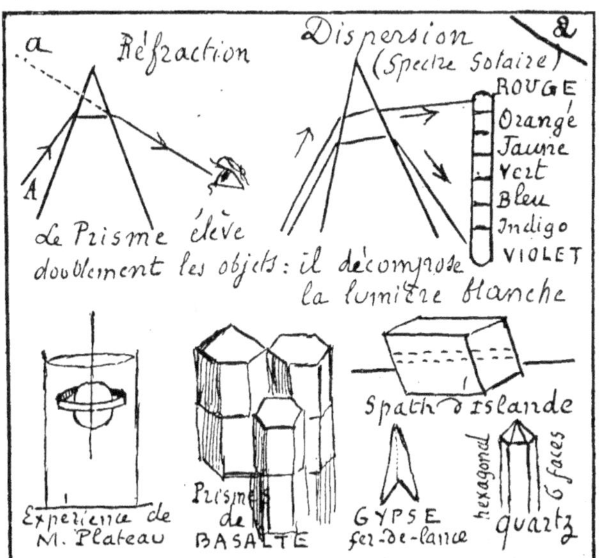

II. Propriétés optiques. — Les corps transparents dévient la lumière : c'est la **réfraction**. Chaque angle la dévie à deux reprises, comme on le constate avec un prisme triangulaire ; de sorte que les objets paraissent relevés, redressés, rapprochés de l'angle du prisme. En général les corps les plus lourds, ou les plus durs, ont la plus grande réfraction. Non seulement la lumière est déviée, mais elle est décomposée, et cette **dispersion** forme un *Spectre solaire* comme l'arc-en-ciel. Les 7 couleurs fondamentales, indécomposables, sont, en commençant par la plus déviée :

« Violet, indigo, bleu, vert, jaune, orangé, rouge. »

Elles reforment la lumière blanche si on les regroupe avec un deuxième prisme, disposé en sens inverse du premier : ou bien si on les superpose dans l'œil, en faisant tourner le Disque de Newton. Enfin sous un certain angle, le minéral réfléchit la lumière comme un miroir parfait : c'est la **réflexion totale**. Telles sont les trois propriétés optiques que l'on résume en disant qu'un minéral miroite, scintille, lance des feux. Et c'est pour augmenter l'effet des Pierres Précieuses qu'on leur donne, difficilement tant elles sont dures, un grand nombre de facettes.

III. Dureté. — Un corps dur ne s'use pas. Il ne peut être ni coupé, ni rayé, ni poli : c'est lui, au contraire, qui coupe, polit, use les autres substances. On a adopté, pour repère, l'**Echelle** ci-contre de duretés croissantes. Ainsi le Diamant (10) est le plus dur

Talc	1
Gypse	2
Spath	3
Fluorine	4
Apatite	5
Feldspath	6
Quartz	7
Topaze	8
Saphir	9
Diamant	10

de tous les corps ; on ne peut le polir qu'avec sa propre poussière (égrisée). On lui donne 64 facettes par la « taille en brillant », et 48, avec une large base, par « la taille en rose ». Dire que la dureté de la Topaze est 8, c'est dire qu'elle ne peut pas rayer le Saphir (9) et qu'elle se laisse entamer par lui : mais elle userait le Quartz (7) et, *à fortiori*, le Feldspath (6) qui raye le verre (5). Ne pas croire que les minéraux durs résistent aux chocs : un coup de marteau ferait voler un diamant en éclats. Le **Diamant** est du charbon (Carbone) cristallisé, infusible, inaltérable ; en brûlant dans l'oxygène, il produit du gaz carbonique. Deux autres diamants, beaucoup plus rares, sont le Bore et le Silicium cristallisés. Quand la lumière électrique jaillit entre deux charbons, son extrême chaleur forme un peu de poudre adamantine : égrisée.

Le **Saphir** occupe la 2ᵐᵉ place, sous tous les rapports, après le diamant : il est dur, infusible, scintillant, rare. C'est de l'alumine cristallisée. Parfaitement pur, il est incolore : *Corindon*. Mais, le plus souvent, il est coloré par de petites traces d'oxydes métallique : c'est alors le *Saphir*, bleu ; le *Rubis*, rouge ; l'*Améthyste*, violette, que l'on surnomme **gemmes orientales**. La variété vulgaire, l'*Emeri*, est utilisée pour sa dureté : bouchage à l'émeri des flacons de verre.

La **Topaze** proprement dite est un silicate d'alumine complexe le plus souvent elle est jaune (Saxe) ou rosée (Brésil) L'*Emeraude* est verte ; le *Grenat*, rouge. Presque toutes ces gemmes ont été obtenues artificiellement, à des températures qui n'avaient rien d'excessif, en faisant réagir longtemps des corps volatils, dont les vapeurs se décomposent mutuellement. En général l'expérience est coûteuse; elle réclame les soins d'un savant, elle donne de petits cristaux... Mais les gros rubis « artificiels » de Frémy émurent récemment joailliers et lapidaires. Vous en verrez de beaux échantillons dans la Galerie de Géologie, au Jardin des Plantes.

Lectures. — La taille du diamant à Amsterdam.

IV. — Roches ignées simples. — Ce sont les minéraux qui ont subi l'action du feu, par opposition aux Roches Aqueuses déposées par les eaux. Mais cette démarcation n'est pas toujours formelle. Les chimistes obtiennent beaucoup de roches ignées sans recourir à une température excessive, et ils font intervenir presque toujours la vapeur d'eau; c'est ainsi que les trois éléments du granit ont été obtenus par MM. Hautefeuille et Friedel. En étudiant

Granit (grains) { Feldspath.. 3 | Quartz.... 1 | Mica ..... 1 | la Silice et les Silicates, nous allons passer en revue la plupart des Roches Ignées, relativement simples, **éléments de roches complexes** qui ont pour type le Granit.

Silice. — La silice se présente à nous sous cent aspects que l'on groupe en 4 classes : **1° Le Quartz, ou Cristal de roche**, cristallisé en prismes hexagones que surmonte une pyramide. C'est une roche presque inattaquable, infusible, dure (7), transparente, qui dévie fortement la lumière. On l'emploie pour lunettes, instruments d'optique, lustres, coupes ; la gravure s'effectue, comme celle du verre, avec l'acide fluorydrique HFl. C'est Madagascar qui alimente ce commerce. Voyez au Muséum le cristal énorme qui pèse 400 kilos. Des traces d'oxydes métalliques peuvent colorer le quartz; il constitue alors *le faux rubis (rouge), la fausse améthyste (violette), la fausse topaze (jaune)* surnommés *Cailloux du Rhin, Rubis de Bohême*.

Subdivisé en petits grains, le quartz forme le **Sable** siliceux, élément des verres de luxe et des poteries fines. Si le sable est calcaire, on l'emploie pour verres communs et pour mortiers. Quand les grains quartzeux sont cimentés par une pâte, c'est le **Grès**, dont la dureté décroît selon que la pâte est siliceuse, ou calcaire, ou argileuse. On nomme **Silex** un quartz impur ; translucide, ou corné, ou opaque : il sert à faire des meules; nos pères en firent leurs premières armes, leurs premiers outils. Le briquet utilisait la dureté du silex *pyromaque* ou *pierre à fusil* ; le frottement violent contre le fer détache des parcelles de ce métal, elles s'enflamment, et on recueille les étincelles sur l'amadou. Le quartz est un des éléments essentiels des roches ignées.

Les 3 autres classes renferment des variétés de Silice non cristalline, employées comme pierres de luxe : 2° l'**Opale**, translucide, aux lueurs laiteuses; 3° l'**Agate**, très dure, très belle, servant pour mortiers et chapes de balances, parfois zonée (*Onyx*) ou bleuâtre (*Calcédoine*), rouge (*Cornaline*), orangée (*Sardoine*). Citons les concrétions, d'abord gélatineuses, de la silice des geysers. 4° **Le Jaspe**, opaque, décoratif, est très employé dans l'Extrême-Orient. — La Silice est un acide, l'**acide silicique Si O²**, comparée par le chimiste à l'acide carbonique. Or, les acides s'unissent aux bases pour former des sels : l'acide carbonique se combine a la chaux pour produire du carbonate de chaux. De même, la silice s'unit à des **bases** (et surtout la potasse, la soude, la chaux, la magnésie, l'alumine) pour former de nombreux Silicates, éléments des roches ignées. Le Verre est un silicate de soude et de chaux, le Cristal un silicate de potasse et d'oxyde de plomb.

V. — SILICATES. — On les divise en 2 sections :

1° **Les Silicates ALUMINEUX** dans lesquels domine l'Alumine. Et d'abord, l'**Argile**, type des substances plastiques, principe de toute poterie; elle fait pâte avec l'eau, accepte toutes les formes, est recouverte d'un émail imperméable, et subit la cuisson dans un four. La plus pure argile est le *kaolin* ou « terre-à-porcelaine », provenant de la décomposition d'un granit spécial : la Pegmatite (Chine, Saxe, Saint-Yrieix). **L'argile plastique ou « terre glaise »**, rend service aux sculpteurs. Une argile maigre, *smectique*, « terre à foulon », sert à dégraisser le drap. L'abondance de l'oxyde de fer colore certaines argiles en rouge ou en jaune, ce sont les *Ocres, Sanguine, Terre de Sienne*. On nomme **Marne** une association d'argile et de calcaire qui forme des terrains entiers. Si quelques argiles sont d'origine ignée, la majorité est déposée par l'eau douce des lacs et des fleuves.

La Famille des **Feldspaths** est formée de silicates alumineux doubles, qui contiennent une 2ᵉ base. Ces roches dominent dans tous les terrains ignés; elles sont belles, polies, satinées, plus dures que l'acier (6) difficilement fusibles : mais attaquables : par exemple par l'acide carbonique de la pluie, qui s'empare de la 2ᵉ base, ce qui laisse en liberté le silicate d'alumine (argile) et de la silice. Les plus répandues sont l'**Orthose**, aux angles droits, dont la 2ᵉ base est la potasse ; l'**Albite**, très blanche, à base de soude ; l'**Anorthite**, qui contient de la chaux ; et le **Labrador**, abondant dans une province américaine ; il renferme chaux et soude. Associé à l'Augite, le Labrador forme les porphyres noirs et les basaltes.

Le **Mica**, silicate compliqué, se présente en feuillets élastiques, colorés, brillants, faciles à séparer, cliver. Il constitue les paillettes foncées du granit. L'Oural en renferme beaucoup ; il est employé par la marine russe en guise de vitres, pouvant braver l'ébranlement du canon ; de là son surnom de « Moscovite ». Les poêles-salamandres l'utilisent. Topaze, Emeraude, Grenat sont aussi des silicates complexes.

2° **Silicates MAGNÉSIENS** dans lesquels domine la magnésie. Et d'abord le **Talc**, blanc, onctueux, flexible sans élasticité, bravant le fer et les acides et tellement tendre qu'on le coupe avec l'ongle. C'est la « craie de Briançon » employée par les tailleurs ; pulvérisée par les bottiers ; servant pour pastels et fards. L'Ecume de mer, dont on fait des pipes. La pierre Ollaire de Côme, poterie toute prête, dans laquelle l'Italien taille avec son couteau un poêlon, une marmite. C'est la « Pierre de lard » où les Chinois sculptent leurs magots. Le talc est un élément important des roches ignées ; ainsi la **Protogine**, du Mont-Blanc, est un **granit talqueux**, dans lequel le talc remplace le mica.

La présence du fer communique à la **Serpentine**, tendre, satinée, des nuances jaunes et vertes, ensemble ondulé qui rappelle la peau du serpent. Une variété est ornementale. Le *Péridot*, de couleur olive, forme des cristaux altérables au sein du basalte. Deux Familles voisines, Silicates triples de magnésie, de chaux et de fer, s'accompagnent ou se remplacent dans les roches complexes : les **Pyroxènes**, dont la variété d'un vert sombre, l'*Augite*, s'associe au labrador pour former les porphyres noirs et les basaltes. Et les **Amphiboles**, dont la variété d'un vert foncé, **Hornblende**, est un élément de la syénite et de la diorite. On leur rattache les *Jades*, clairs, gras, tenaces, très décoratifs en Chine ; le *Diallage*, satiné, chatoyant ; et l'**Amiante**, minéral soyeux, filamenteux, textile, dont on fait des étoffes incombustibles : linceuls des anciens, mèches de lampe, outillage des pompiers. L'*Abseste* est plutôt fibreux.

Connaissant les éléments des roches ignées compliquées, nous pouvons étudier les **Terrains ignés**, c'est-à-dire les **Granits primitifs** et les 3 groupes d'**Éruptions** : **granitiques, porphyriques, laviques**.

VIIe LEÇON

TERRAINS IGNÉS

On les subdivise en 2 formations : les Granits primitifs et les Éruptions. La vie était impossible; ils n'ont donc pas de fossiles : ils sont **Azoïques**.

I. **Granits primitifs**. — La base de l'écorce terrestre est uniquement formée de Granit. On nomme ainsi l'association de **3 sortes de grains** : $\frac{3}{5}$ de Feldspath, brillant, satiné, qui fait dire qu'un granit est rose ou vert; $\frac{1}{5}$ de Quartz en grains miroitants, gris : $\frac{1}{5}$ de Mica, en paillettes foncées. Le granit est la roche monumentale par excellence, qui se prête aux constructions grandioses, réclamant le plus de solidité : digues, barrages, quais. Les Egyptiens l'ont prodigué. Si l'on prend la peine de le polir, il résiste beaucoup mieux aux altérations. Bases des grands hôtels, colonnes d'édifices, monuments entiers. Au reste, certaines villes sont bâties en granit : St-Brieuc, Cherbourg, Limoges, Autun, au sein des **Affleurements** granitiques, assez nombreux en France.

D'abord tout le **Plateau Central**, près de dix départements, d'Avallon à Alby, de Lyon à St-Yrieix. Le littoral de la Bretagne et presque toute la Vendée. Un ilot au sud des Vosges; un autre dans le Var, et beaucoup moins qu'on ne croirait dans les Alpes et les Pyrénées. Nous simplifions en ne distinguant pas sur la carte les granits primitifs et les éruptions granitiques (**Rose**).

Le granit s'altère souvent : son feldspath est décomposé par le gaz carbonique de la pluie ou des eaux courantes; l'acide s'empare de la 2me base du feldspath (potasse, soude, chaux) de sorte que le résidu est un mélange **d'argile**, de quartz, et de mica. Et si le mica vient à manquer, comme dans la Pegmatite, on recueille les 2 éléments de la porcelaine : une argile très pure et du sable quartzeux.

II. — **Eruptions granitiques**. — Elles ont bouleversé fréquemment les premiers Terrains de Sédiment, que l'on réunit sous le nom de Primaires et, moins souvent, les assises inférieures des Secondaires. Ces bouleversements sont grandioses. Quand la Saône entre à Lyon elle coule entre des rochers redressés verticalement. Rien ne peut rendre l'aspect mouvementé des rocs qui surplombent le fond du lac de Lucerne, ou qui bordent la Via Mala à la descente de Suisse en Italie. Les Éruptions Granitiques consistent en 4 roches principales :

GRANIT	SYÉNITE	PROTOGINE	PEGMATITE
1º Feldspath .. 3	1º Feldspath.	1º Feldspath.	1º Feldspath
2º Quartz 1	2º Quartz (peu).	2º Quartz (peu).	lamelleux.
3º Mica....... 1	3º Hornblende.	3º Talc.	2º Quartz.

2º La **Syénite** était abondante aux environs de Syène. C'est un « granit amphibolique » dans lequel les larges plaques, d'un vert foncé de Hornblende, remplacent les paillettes de mica. Susceptible d'un beau poli, les Égyptiens l'employèrent beaucoup, notamment pour leurs obélisques ; c'est le cas de celui de Louqsor, sur la place de la Concorde. La France n'en possède qu'au Ballon d'Alsace, canton de Giromagny. 3º. La **Protogine** est un « granit talqueux » qui s'est épanché, en éventail, à travers les roches qu'elle traversait : le talc y remplace le mica. Le Mont-Blanc est formé de protogine. **4º La Pegmatite** est un granit sans mica ; son feldspath lamelleux, schisteux, le *Pétunzé*, se décompose aisément, ce qui donne le *Kaolin* ou « terre à porcelaine » (Chine, Saxe, Saint-Yrieix).

On trouve dans les Vosges une éruption plus récente, sorte de syénite porphyrique, la **Diorite** Elle se modifie en Corse pour former une pierre très décorative, la **Corsite** : au sein d'une **pâte** feldspathique, alternent des nodules blancs de feldspath, et verts de hornblende. Ces 2 roches sont intermédiaires entre les précédentes et les éruptions porphyriques.

III. — **Eruptions porphyriques** — Elles se sont épanchées pendant les temps Primaires et Secondaires jusqu'au milieu du Crétacé. Trois roches principales les constituent : Porphyres, Mélaphyres, Serpentines. 1º LE PORPHYRE consiste en une **Pâte feldspathique**, souvent siliceuse, englobant plusieurs sortes de cristaux : cristaux de quartz, de feldspath, de pyroxène, d'amphibole. On pense au pudding anglais. L'Égypte a possédé des porphyres splendides, à pâte rose ou noire, dont elle faisait des colonnes, des statues, des sphinx, des baignoires, des sépulcres. Nos porphyres français ne sont pas décoratifs : ils affleurent dans le Forez, le Beaujolais, le Morvan ; notamment à Tarare, à Autun. Les Vosges et la Bretagne en possèdent ; ils forment les monts de l'Esterel dans le Var. Ils servent à empierrer les routes, par exemple à Cluny, et près de Château-Chinon. Ce qui m'amène à vous dire : quand vous faites une promenade aux environs de Paris, lorsque vous voyagez aux vacances, ramassez parfois un petit caillou, bien semblable à ceux qui l'entourent. Inscrivez ou collez la date, et plus tard, cette collection vous charmera. Qui sait, elle pourra être utile et vous faire honneur.

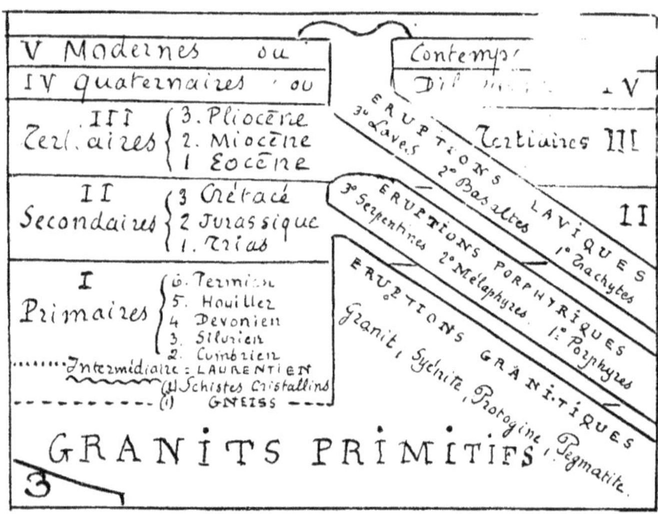

2º Le Mélaphyres, ou Porphyres Noirs, sont des roches foncées, homogènes, comparables aux basaltes, formées comme eux de labrador et d'augite. Comme eux, aussi, ils ont pris dans certains pays une structure cristalline, en grands prismes, sortes d'escaliers géants : ce sont les Trapps du Palatinat, du Tyrol, de la Norwège. On leur rattache les 2 porphyres verts de Corse, tous deux magnifiques, avec diallage miroitant : le Porphyre vert antique, qui orne la chapelle des Médicis à Florence, et le Vert de Corse exploité près d'Orezza. 3º Les Serpentines ou Ophites, dans lesquelles domine la magnésie, sont ondulées, tendres, vertes ; elles commencent par des mélaphyres grenus, ou *Ophitones*, et finissent avec le *Kersanton* breton, verdâtre, facile à sculpter aux façades des églises. Les Serpentines abondent dans les Pyrénées et les Alpes ; elles affleurent beaucoup au sud-est du Plateau central. A Cuba, à la Nouvelle-Calédonie, on les surnomme Monts Morts parce qu'elles sont rebelles à la végétation.

IV. — Eruptions laviques. — Elles ont bouleversé les terrains Tertiaires et Quaternaires, et leur épanchement de plus en plus restreint, se continue de nos jours. Trois roches principales

les constituent : Trachytes, Basaltes, Laves. 1º Le Trachyte est une roche grisâtre, grenue. rugueuse, sonore, de structure poreuse, celluleuse. Une pâte d'un feldspath vitreux, la Sanidine, renferme divers petits cristaux. Les trachytes ont couvert le centre de l'Auvergne, formant les Monts Dores (1,800 m.) les Monts Dômes, ceux du Cantal. Une variété constitue les pics déchiquetés du Sancy et du Mézenc. Les Andes sont trachytiques. 2· Le Basalte est une roche foncée, lisse, homogène, cristallisée en prismes comme certains porphyres noirs, et formée comme eux de labrador et d'augite. A titre d'élément accessoire, le balsate contient de l'oxyde de fer magnétique $Fe^3 O^4$, et son homogénéité est parfois troublée par des cristaux verdâtres de Péridot, ou Olivine, qui contribuent à le rendre altérable, surtout aux angles de ses prismes hexagones. En s'insinuant dans des crevasses, les basaltes ont formé des filons; ou bien, par la disparition des roches environnantes, de ces murailles verticalement dressées que l'on nomme **Dykes**. Ils ont couvert le sud-est du Plateau Central, le Velay, le Vivarais. Les épanchements de basaltes les plus connus constituent la « Coulée » du Volant et autres « Chaussées » de l'Ardèche, surnommées « Pavés des Géants ». Les « Orgues » de Murat. L'Irlande possède de magnifiques chaussées balsatiques. A Sainte-Hélène les piliers sont horizontaux. Près de Trèves, on visite la grotte des Fromages. La merveille est la *Grotte de Fingal*, dans l'île de Staffa (Hébrides), on dirait l'intérieur d'une cathédrale gothique, elle a 80 m. de profondeur, 30 m. de large et 20 m. de hauteur.

3º Les Laves sont des associations compliquées de silicates compliqués, les unes plutôt basaltiques, les autres plutôt trachytiques. Celle de Volvic est employée aux constructions : celle de Coblentz sert pour meules. Autant de volcans modernes, autant de laves différentes ; ainsi la *Dolérite* de l'Etna est une sorte de basalte lamelleux, et la lave du Vésuve, plutôt trachytique, est caractérisée par un feldspath spécial, la *Leucite*.

Carte géologique. — On commence par faire un *Brouillon*, sur lequel on inscrit, après chaque leçon, ce qui vient d'être étudié, brouillon que l'on retranscrira au net, avec soin, lorsqu'on terminera le cours. Employer le crayon seul pour tracer les contours et inscrire les noms, l'encre serait effacée par les couleurs étendues, après coup. Pour commencer cette carte, tracez les limites des Granits Primitifs, et vous colorerez en **rose** : d'abord le Plateau Central, avec quelques repères au crayon : Avallon, Lyon, Mende, Saint-Yrieix.

De même, pour les éruptions porphyriques et laviques : tracer les contours et donner à toutes trois la teinte **vermillon** : Château-Chinon, Autun, Cluny, Roanne, les Puys ; le Velay et le Vivarais (Haute-Ardèche).

VIIIᵉ LEÇON

ROCHES D'ORIGINE AQUEUSE

I. — Généralités. — Ces roches ont été déposées par les eaux, soit comme sédiments de transport, soit par précipitation chimique. Dans le second cas, la lenteur du dépôt leur donne une structure cristalline qui les fait ressembler aux roches ignées. Certaines ont été profondément modifiées, surtout au voisinage des éruptions : ce n'est pas la chaleur qui a joué le principal rôle, mais l'énorme pression et l'influence chimique des vapeurs et des gaz. Tel est le *Métamorphisme*.

En comprimant des roches, Daubrée leur donne la structure feuilletée, schisteuse; le plan de clivage est perpendiculaire au sens de la pression. Hall mit des morceaux de craie dans un canon de fusil, qu'il ferma hermétiquement, et plaça dans un four ardent : il en retira une baguette de marbre. C'est la pression du gaz carbonique qui détermine ce métamorphisme, transformant un vulgaire calcaire en marbre cristallin.

II. — Calcaires. — On nomme Calcaire le Carbonate de chaux, union d'acide carbonique et de chaux CO_2, CaO. Il se présente à nous sous une centaine d'aspects. Le plus utile calcaire est la **Pierre à bâtir** : les plus belles variétés sont celles de Caen, du Jura, de Lorraine : à Lyon, la pierre de Couzon. Paris est bâti avec un calcaire plus récent, plus tendre, contenant parfois un peu trop de cérithes; ce calcaire Parisien est exploité dans tous les environs de la capitale ; la majeure partie a été extraite des Catacombes. Plus on est Parisien, plus on a le bon goût d'admirer les grandes rues de Lyon, riches en façades sculptées, balcons, encoignures avec niches ornées de statues de la Vierge. — Quand le calcaire renferme beaucoup de coquilles, on l'utilise en qualité de **pierre à chaux**; on le décompose par la chaleur dans des fours spéciaux; le gaz CO_2 s'exhale et l'on obtient la Chaux. Elle est pure, grasse, « *vive* » si le calcaire est pur ; s'il est un peu argileux, la chaux argileuse est dite « maigre » et sert aux mortiers hydrauliques, qui durcissent de plus en plus sous l'eau. Si la chaux est très argileuse, c'est le *Ciment*. Enfin, si elle renferme plus du tiers d'argile, c'est la marne. On nomme MARNE une association de calcaire et d'argile : elle forme des terrains entiers.

La **Craie** est un calcaire formé, jadis, au fond des mers, par l'agglutination des carapaces de Foraminifères ; elle domine dans le terrain Crétacé. Rares sont les échantillons assez fins pour écrire au tableau noir : certaines craies sont grises ; deux sont vertes, glauconieuse et chloritée. Le Travertin est une bonne pierre de construction, formée de nos jours, par des sources calcaires. Le Tuf est beaucoup trop tendre pour cet usage. — Stalactites, concrétions, pétrifications. — Beaucoup de calcaires utiles ont une structure grenue, quand le dépôt s'est formé au sein d'un tourbillonnement ; en petits œufs de poisson ou même en pois : *oolithique et pisolithique* : quand, au contraire, la pâte est très fine, le calcaire sert de *Pierre lithographique*.

Parmi les calcaires décoratifs, plus ou moins cristallisés : le **Marbre**, à structure grenue ; *saccharoïde*, comme le sucre ; de modification métamorphique. Presque toujours au voisinage des grandes éruptions, dans les régions anciennes et montagneuses. Les carrières des beaux marbres « antiques » sont épuisées, comme celles des porphyres : marbres blancs de Paros et du Pentélique, le premier légèrement grenu et rosé comme la peau humaine ; marbre jaune de l'Atlas, noir de Lucullus, Portor à veines dorées. On exploite encore d'assez belles carrières : c'est Carrare qui fournit à la statuaire le marbre blanc (2,000 francs le mètre cube), et le Turquin bleu, à zônes blanches ; mais son bleu « antique » est épuisé. Les Pyrénées sont riches en marbres rouges : Dinant fournit les marbres noirs ; Saint-Anne les pierres de deuil. Les *Lumachelles* sont criblées de coquilles et de polypiers, encrines et madrépores ; Caen possède une lumachelle rouge ; le Gange en fournit une jaune, dite, à tort, « d'Astrakan ».

L'Albâtre calcaire est translucide, souvent veiné (marbre-onyx) assez décoratif ; mais moins que l'albâtre gypseux. *L'Aragonite*, abondante dans la province d'Aragon, cristallise en longs prismes ; elle est trop fibreuse pour être utile. Le **Spath d'Islande** est un calcaire transparent, qui cristallise en rhomboëdres dont les 6 faces sont des losanges. Vus au travers, les objets paraissent doubles : le cristal a dévié la lumière dans 2 directions ; il possède la double réfraction. — Toutes ces variétés de calcaire, si différentes d'aspect, se reconnaissent à deux caractères. Elles sont tendres, puisque la plus dure, le spath, n'a pour indice que **3** ; rayé par la fluo-

rine (4) le spath entame le gypse (2). Tout calcaire est décompos
facilement en ses 2 éléments, soit par la chaleur (fours à chaux
soit par un acide (fabriques d'Eau de Seltz). Le marbre d'une toilett
est entamé par le citron : un escalier est pénétré par l'extrémit
acide des racines. Versez sur un calcaire quelques gouttes de vinai
gre, et vous constaterez la vive effervescence produite par la mis
en liberté du gaz carbonique : CO^2, $CaO = CaO + CO^2$.

III. — DOLOMIE. — Calcaire magnésien, miroitant, qui form
des montagnes entières. Son nom rappelle le géologue Dolomieu
Quand une eau coule sur ce carbonate de chaux et de magnésie
elle se charge de magnésie ; et si elle est gypseuse, il y a forma
tion de **sulfate magnésien**, surnommé sel d'Epsom, de Sedlitz
de Pulna, parce qu'il donne à ces Sources magnésiennes leurs pro
priétés purgatives.

IV. — Le GYPSE, ou **Pierre à plâtre**, est du sulfate de chaux
union d'acide sulfurique et de chaux SO^3, CaO, — *avec une cer
taine proportion d'Eau incorporée*. En général sa structure es
grenue ou fibreuse. Le métamorphisme l'a fait cristalliser en **Fer
de-Lance**, très lamelleux, facile à subdiviser, à cliver, en lame
minces, transparentes. L'albâtre gypseux, translucide, abondan
en Algérie, est très décoratif. Lorsqu'on enlève au gypse son ea
constituante, en le chauffant dans des fours spéciaux, on obtient l
Plâtre. On gâche cette poudre blanche avec de l'eau, on form
une pâte qui se moule docilement et qui, bientôt, d'elle-même s
gonfle, et se solidifie, par l'enchevêtrement de petits cristaux qu
sont du *gypse reconstitué*. Une addition de colle et d'alun form
le Stuc, dont les applications sont nombreuses. — Le gyps
accompagne toujours le Sel, car tous deux sont déposés en mêm
temps par la mer et les sources salées.

V. — SEL. — Qu'il soit déposé aujourd'hui par la mer et le
sources, ou qu'il l'ait été autrefois, sous forme de **Sel gemme**
c'est toujours le même minéral, le **Sel marin** ou **Sel de cuisine**
Le chimiste le nomme chlorure de sodium, $NaCl$; il prépare ave
lui le chlore et la soude. Le sel cristallise en gros cubes, transpa
rents, souvent colorés, très solubles ; aliment indispensable à l
santé de l'homme et du bétail. Nos mines de sel gemme de l
Lorraine et du Jura appartiennent au trias, comme celles du Wur
temberg ; les mines d'Algérie font partie du crétacé ; les mine
grandioses de Pologne et d'Espagne, sortes de cités souterraines

se rattachent au tertiaire ; or, dans toutes, le sel est accompagné de gypse. Pour certaines exploitations, on verse de l'eau dans la mine ; elle dissout le sel ; on la retire avec une pompe, et on la fait couler à plusieurs reprises, pour concentrer le sel, à travers une accumution de fagots : bâtiment de graduation.

Citons encore : la **Fluorine** ou **Spath-Fluor** CaFl, en beaux cubes, qui dégagent des lueurs quand on les a chauffés ; on s'en sert pour préparer l'acide fluorhydrique, corrosif terrible qui entame, grave, dépolit le verre et le quartz. L'**Apatite** est un phosphate de chaux, très précieux pour l'agriculture : l'Espagne et les États-Unis en possèdent d'importants gisements. La Barytine ou **Spath pesant** est une matière lourde, blanche, ou translucide, qui sert à obtenir tous les composés du baryum. Le **Borax** résulte de l'union de l'acide borique avec la soude. Répétons que la plupart des **Argiles** ont été déposées par les eaux, tout comme les **Marnes**, association de calcaire et d'argile.

VI. — MINERAIS

Ce sont les roches dont on extrait un métal utile. Les uns, en **Filons**, sont d'origine ignée, formés au sein de crevasses par la réaction mutuelle de vapeurs ; très rarement, ils se sont épanchés à l'état liquide. D'autres, d'origine aqueuse, furent déposés par les eaux qui les tenaient en suspension ou en dissolution. Beaucoup sont métamorphiques, modifiés par le voisinage des éruptions, sous la triple influence de la pression, des vapeurs et de la chaleur. Très peu de métaux se rencontrent purs, à l'*état natif* ; de petites pépites, des paillettes d'or sont encastrées dans une gangue de quartz qu'il faut pulvériser sous un jet puissant. On exploite de beaux filons de cuivre natif au bord des lacs de l'Amérique du Nord.

Les **Minerais du fer** sont les oxydes et le carbonate, ou fer Spathique. Tandis que la **Limonite** Fe^2O^3, grenue, oolithique, argileuse, colorée de rouille, révèle son origine aqueuse ; le *Fer oligiste* de l'île d'Elbe cristallin, brillant, est évidemment métamorphique. La Suède possède *l'oxyde magnétique* Fe^3O^4 qui donne des aciers de luxe. Les Anglais ont l'avantage de posséder, côte à côte, les minerais de fer, et la houille, si nécessaire pour l'extraction du métal.

Les minerais du Zinc sont le sulfure Zn S (**Blende**) et le carbonate (*Calamine*). On extrait le Plomb de son sulfure, Pb S, ou **Galène** lourde, brillante, parfois argentifère : et le mercure de son sulfure le *Cinabre*, violet Hg S. On nomme **Pyrites** les sulfures sou vent associés du fer et du cuivre. La pyrite du fer et si belle qu'on la surnomme « or des ânes » ; elle donnerait un fer médiocre ; elle a servi à extraire du soufre pendant les guerres de la première République. La pyrite cuivreuse est l'un des minerais du cuivre. L'autre est une belle pierre verte, la **malachite**, dont certains échantillons sont très décoratifs ; on la trouve surtout en Russie. On cite des cheminées de grand luxe, une petite table de 3o,ooo fr. Chessy, près de Lyon, en possède un peu. La variété bleue, l'*Azurite* a la même composition : ce sont des carbonates, comme cette rouille du cuivre, dite Patine, ou Vert-de-gris des artistes.

VII. — TERRE ARABLE CULTIVABLE

Anciens ou récents, tous les terrains qui affleurent sont recouverts d'une certaine couche d'un sol arable, cultivable, provenant surtout du Quaternaire et des formations contemporaines. Sa nature et son épaisseur déterminent la plus ou moins grande fertilité des champs. **Quatre éléments** sont nécessaires à l'ensemble des cultures : le Calcaire, le Sable, l'Argile, et le plus possible de Terreau, ou Humus. Celui-ci est formé de débris organiques qui renferment, sous forme de sels, tout ce que réclame la végétation : Azote, Phosphore, Soufre, Chlore, Fer, Potasse, etc. Lorsque l'un des 3 premiers éléments prédomine, le sol est médiocre et ne convient qu'à un petit nombre de végétaux. On l'amende en lui fournissant une certaine proportion des 2 autres éléments. C'est ainsi qu'à un champ trop sableux on ajoute de la Marne, association de calcaire et d'argile. A un sol que l'excès d'argile rend imperméable, on ajoute des Faluns, sables coquillers, association de silice et de calcaire, avec un peu de phosphate. Quand le terreau manque on lui substitue le limon (colmatage). On se trouve bien de l'emploi des sels que la chimie fournit : phosphates, azotates, sels ammoniacaux : mais rien ne remplace complètement le terreau, formé par les débris des êtres organisés, animaux et végétaux.

> Tout est désenchanté ! mais sans tous ces prestiges
> Les arbres ont leur vie, et les bois leurs prodiges.
> L'arbuste, l'arbrisseau, les herbes et les fleurs,
> Des éléments divers puissants combinateurs,
> Sont le laboratoire où leur force agissante
> Exerce incessamment son action puissante ;
> Et de tous ces agents dans la plante introduits,
> Forme l'éclat des fleurs et la saveur des fruits :

Admirable chimie, où l'air, la terre et l'onde
Forment mille unions de leur guerre féconde.
Ainsi tout se répond, ainsi les mêmes lois
Aux deux Règnes divers président à la fois,
Et par un art semblable une main économe
Forme la fleur, et l'arbre, et l'animal, et l'Homme.
Tout donne et tout reçoit ; les feuillages flétris
Alimentent le sol dont ils furent nourris :
Le pré qui donne au bœuf sa riante verdure,
D'une grasse litière attend la fange impure ;
Et des sels du fumier se forment en secret
Le parfum de la rose et le teint de l'œillet.

(DELILLE, *Les 3 Règnes de la Nature.*)

IXᵉ LEÇON

3 PARTIE DU COURS : TERRAINS DE SÉDIMENT

Les terrains **d'origine aqueuse** ont été déposés horizontalement par les eaux ; mais cette **stratification** a été troublée souvent, par les mouvements lents du sol, et les commotions brusques des éruptions. En général les terrains anciens sont pressés, denses, et métamorphiques ; des grès, des calcaires magnifiques. Les formations récentes sont composées de roches légères : des sables, de la craie. On trouve un peu partout les argiles et les marnes, beaucoup plus compactes dans les couches anciennes. L'importance des mouvements continus est telle que l'on rencontre fréquemment, en creusant le sol des alternances de dépôts marins, de dépôts lacustres et plus récents, de dépôts terrestres. La nature des roches et des fossiles ne laisse place à aucun doute sur ces alternatives de soulèvement et d'abaissement, sur ces allées et venues des océans.

On groupe les Étages en Terrains, et ceux-ci en 4 Formations ou Époques, dites : primaire, secondaire, tertiaire, quaternaire. Dès le début, la vie apparaît ; les plus anciens **terrains sédimentaires** renferment des fossiles, qui sont parfois caractéristiques ; ainsi le calcaire de Semur et des Monts d'Or lyonnais, est rempli de gryphées ; le Calcaire Parisien est criblé de cérithes. La nature commence par les êtres les plus simples : Algues et Zoophytes ; elle produit ensuite beaucoup de cryptogames (sans fleurs : fougère, prêle) et de Mollusques. Dans les terrains suivants des Gymnospermes (sans fruits) : sapin, cycas ; et des Poissons, d'abord cartilagineux, puis osseux : des batraciens, des reptiles. Tels sont les êtres que l'on rencontre dons les Terrains Primaires, formation qui a duré des milliers de siècles. Ils ne renferment, ni les vertébrés supérieurs, (oiseaux et mammifères), ni les végétaux supérieurs, ornés de fleurs qui deviennent des fruits, dont la graine contient des provisions de nourriture dans une sorte de sac nommé **cotylédon** ; un seul chez les **Monocotylédones**, tels que le Palmier, le Pandanus ; deux cotylédons chez les **Dicotylédones**, arbres de nos forêts et de nos vergers : chêne, érable, poirier.

De progrès en progrès, par des transitions ménagées, améliorant les organismes, créant des êtres qui bénéficient des modifications de l'atmosphère, des eaux et du sol, la Nature arrive aux végétaux les plus parfaits, aux mammifères les mieux doués. Et l'œuvre est couronnée par la création de l'Homme.

FORMATIONS PRIMAIRES

Terrains	**Etages** : Roches Principales	*Fossiles caractéristiques*
6° PERMIEN.	1° **Grès rouge**. 2° **Dolomie**. 3° **Grès Vosgien**.	Productus. Reptiles.
5° HOUILLER.	1° **Calcaire carbonifère**. 2° **Grès houiller**.	Cryptogames, Conifères.
4° DÉVONIEN.	Vieux grès rouge. — Anthracite.	Spirifer. 1er batracien.
3° SILURIEN.	Ardoises. Marbres (Anjou, Hte-Savoie)	Poissons ganoïdes.
2° CUMBRIEN.	Grès blancs. Marbres (Pyrénées).	Algues. Trilobites.
1° LAURENTIEN.	1° **Gneiss**. 2° **Micaschistes**. 3° **Talcschistes**.	Eozoon du Canada.

I. — TERRAIN LAURENTIEN

Véritable terrain de transition entre les primitifs et les primaires, le Laurentien, facile à étudier sur les bords du Saint-Laurent, repose sur les Granits Primitifs, auxquels **le relie intimement son premier étage des Gneiss**. Les pluies brûlantes, un océan général bouillant, des éruptions continuelles ont désagrégé les assises de l'Écorce terrestre. Les vapeurs ardentes, une pression formidable, ont donné à ces terrains la structure rubanée, feuilletée, schisteuse. La vie n'était guère possible, dans de pareilles conditions : on a trouvé pourtant les traces d'un foraminifère dont le nom signifie « débuts de l'animalité » l'Eozoon du Canada.

1er Étage : Gneiss. — Le Gneiss est un granit stratifié, rubané, on dirait volontiers « métamorphique », rendu compacte par d'énormes pressions. Les paillettes de mica y dessinent des bandes noires parallèles. Cette structure le rend plus solide encore que le granit ordinaire, aussi le recherche-t-on pour les digues. A sa sortie de Lyon, le Rhône est endigué par le gneiss, qui a servi à presque toutes les murailles de Fourvières, de Sainte-Foy, de l'Ile-Barbe. Le gneiss accompagne si souvent le granit primitif qu'on le considère, lui aussi, comme étant primitif.

2e Étage : Micaschistes. — On nomme ainsi une roche feuilletée, schisteuse, aux nuances splendides : association de mica avec un peu de quartz. C'est donc un granit très altéré, d'où le feldspath a été éliminé. Toitures économiques, poudre d'or à sécher l'encre. L'étage renferme quelques calcaires transformés en marbre. **3e Talcschistes**, aussi beaux que les précédents, et plus tendres : satinés, miroitants, aux reflets d'or et d'argent. Association de talc avec un peu de quartz ; on dirait volontiers « une protogine qui a perdu son feldspath ». Ces 2 derniers étages sont réunis sous le nom de Schistes cristallisés. — Tous deux renferment de nombreux minerais de plomb et d'étain ; et quelques filons de métaux natifs, du cuivre en Suède, de l'argent en Saxe, de l'or dans l'Oural. La plombagine, ou graphite naturel, est un charbon demicristallin qui sert à fabriquer les crayons et à conduire l'électricité. Malgré son surnom de « Mine de Plomb » elle ne renferme aucune trace de ce métal. Moins bien qu'elle, le plomb laisse des traces sur le papier.

Au Canada, le Laurentien atteint une épaisseur de 8 à 10 kilomètres sur les bords inclinés du Saint-Laurent. En France, il affleure avec les granits primitifs et, plus spécialement, sur le littoral breton : dans le Tarn, à Saint-Etienne, en Corse. Cette période géologique se termine par un soulèvement des collines de la Vendée, combinaison d'une lente élévation du sol avec quelques commotions brusques : ce **1er système « de la Vendée, »** a orienté les gneiss des bords du Blavet, les schistes de Belle-Ile.

II. — TERRAIN CUMBRIEN OU CAMBRIEN

Trois terrains primaires portent des noms anglais, parce qu'ils affleurent à l'ouest de l'Angleterre où ils ont été bien étudiés. Ils se continuent, d'ailleurs en Bretagne, puisque la Manche n'existait pas à cette époque. **Cumbrien** désigne le duché de Cumberland, et **Cambrien** le pays de Galles. Ce terrain renferme des grès blancs, siliceux, magnifiques; des *Quartzites* tout imprégnées de silice ; des calcaires compactes « qui passent au marbre » dans le voisinage des éruptions, et des *Phyllades* feuilletées, sorte de talc-schistes argileux, employées pour toitures en Auvergne et dans la Haute-Savoie. Quand une phyllade solide, peu argileuse, est imprégnée par le charbon, elle constitue l'**Ardoise**, très abondante dans le terrain suivant. A titre secondaire, l'Ampélite, ou crayon des charpentiers, est un schiste charbonneux qui améliore le sol des vignobles, comme son nom l'indique. La *Lydienne* est un schiste siliceux dont les bijoutiers utilisent la dureté : c'est la « Pierre de touche » qui retient quelques parcelles du bijou que l'on frotte contre elle.

La vie prend une grande extension au sein des eaux, mais l'atmosphère n'était pas encore respirable. Parmi les Cryptogames (sans fleurs) dominent les plus humbles : les Algues. Beaucoup de zoophytes, et deux mollusques : un gastéropode, le Bellérophon : un céphalopode, la Lituite ; un ver, la Néréite. Ceux qui frappent le plus l'attention, ce sont des Crustacés, les **Trilobites**, dont le corps, annelé comme celui du cloporte, était partagé en trois lobes : les uns aveugles, les autres munis de gros yeux. On croyait qu'ils n'étaient plus représentés de nos jours, mais Agassiz a trouvé des trilobites dans certaines régions du Gulf-Stream.

Le Cumbrien affleure en Bretagne, dans l'Anjou, le Limousin, la Haute-Savoie. Il a été bouleversé souvent par des éruptions granitiques et porphyriques. Les dislocations du sol se sont disposées dans trois directions : le système du **Finistère** (2) a orienté les micaschistes de Brest ; celui de **Longmynd** (3) a incliné les schistes de Morlaix, de Vire, d'Avranches, du Limousin ; et les porphyres de l'Esterel dans le Var. Le système du **Morbihan** (4) domine dans les îles bretonnes et sur la côte du Morbihan.

III. TERRAIN SILURIEN OU ARDOISIER

Son nom désigne une province anglaise, le pays des Silures. Ce terrain renferme, comme le précédent, des grès siliceux, des calcaires superbes, et il est caractérisé par l'abondance des belles **Ardoises** que l'on exploite à Angers, en Savoie ; et sur les bords de la Meuse, à Givet et Dinant. Beaucoup de marbres pyrénéens appartiennent au Silurien ; il affleure dans le Cotentin et la Sarthe. Souvent redressé par les porphyres, il est séparé du Devonien par le **5**e soulèvement ou système du **Hundsrück** qui orienta les collines de l'Orne, de la Mayenne et du Beaujolais. Les Fossiles caractéristiques sont, avec les trilobites, de nombreux céphalopodes *Nautilidés* (orthocère) et la **Goniatite** à coquille interne, comme une Spirule. Apparition des premiers Vertébrés : poissons cartilagineux. voisins de l'esturgeon, aux écailles dures et émaillées : les **Ganoïdes**.

IV. — TERRAIN DEVONIEN OU ANTHRAXIFERE

Son nom rappelle le comté anglais de Devon ou Devonshire, très riche en « *Vieux grès rouge* » employé pour constructions des plus solides. Le Devonien renferme des Phyllades ; de la *Grauwacke*, conglomérat de grès et de schistes ; des *Psammites* ou grès micacés, schisteux, dont la pâte argileuse emprisonne des fragments de granit. On y exploite d'assez beaux marbres : la Griotte tachetée de rouge ; le Saint-Anne noir, taché de blanc, pour deuil. Le devonien

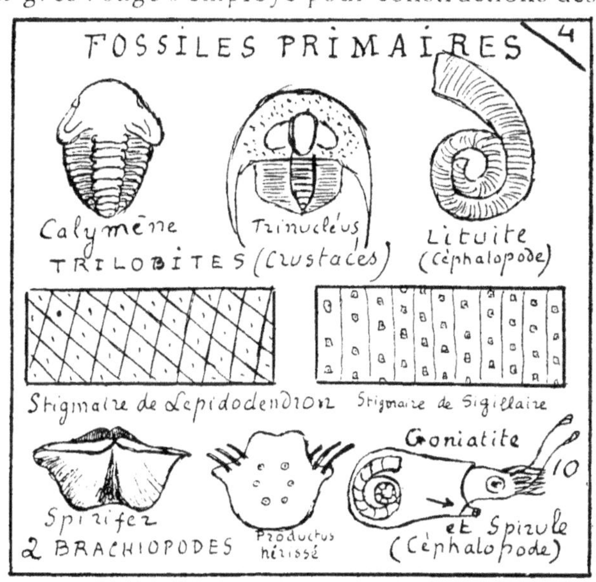

doit son surnom à sa richesse en **Anthracite**. première houille, formée par la carbonisation de quelques fougères et d'un lycopode, la *Sagenaria*. C'est un charbon très dense, brillant, auquel le métamorphisme a enlevé tout bitume : il ne peut donc pas servir à fabriquer le Gaz d'Eclairage. Difficile à allumer, il dégage beaucoup de chaleur dans un bon tirage ; on le recherche dans certaines métallurgies et pour les poëles mobiles. La France en produit plus d'un million de tonnes par an, dans le Nord, l'Isère, la Mayenne, la Saône-et-Loire : *à Ancenis* : à Fréjus. Le devonien règne sur les bords du Rhin, de Mayence à Bonn ; et près des grands lacs des Etats-Unis. Il se termine par le soulèvement des **Ballons** (6) des Vosges et d'Alsace.

Les Fossiles principaux sont : un petit brachiopode à 2 valves, le **Spirifer**. Des requins. Le 1er batracien, le *Telerpeton*, respirant

d'abord dans l'eau, avec des branchies ; puis dans l'air, avec des
poumons ; ainsi l'atmosphère est devenue respirable.

Carte Géologique. — Sur une carte élémentaire, on repré-
sente les 4 premiers terrains primaires par la couleur **gris-clair**.
Placez la donc au centre de la Bretage et à l'extrême littoral, dans
les îles bretonnes ; dans le Cotentin, le Maine, l'Anjou, la Haute-
Savoie, le Var : le long des Pyrénées ; et, au nord des Ardennes, de
Mézières et Trèves, à Bonn et Mayence.

Xe LEÇON

V. — TERRAIN HOUILLER OU CARBONIFÈRE.

I. — La Houille a été formée par la décomposition des végétaux
cryptogames de cette époque. Cette carbonisation s'est produite
soit dans des marécages (comme la tourbe,) soit dans des golfes
marins ; soit dans des lagunes, où le brusque déplacement des eaux
avait entraîné des forêts entières. Les dislocations continues du
sol et les éruptions abaissaient le sol, et le relevaient, par des alternances fréquemment réitérées. Quand on voit dans une houillère 70 couches de charbon de terre, séparées par 70 lits de schiste
argileux, on en conclut que 70 forêts se succédèrent à cette place,
énorme masse de bois se réduisant à de minces couches de houille.
Baroulier a montré cette réduction, d'environ $\frac{1}{200}$, en carbonisant
du bois dans un four, expérience qui rappelle celle de Hall transformant la craie en marbre. Bien que devenue respirable, l'atmosphère était encore tiède, humide, riche en gaz carbonique : trois
conditions favorables aux végétations splendides, dans le genre de
celles que l'on admire sous l'équateur, dans les îles de l'Océanie.

La houille a été formée par des cryptogames (sans fleurs) ne
dépassant pas 4 à 5 mètres, et dont on retrouve les empreintes par-
faites : plus de 200 espèces de **Fougères**, dont 40 sont encore
représentées en Océanie, avec des plantes de la famille des Prêles
et des Lycopodes : les **Annulaires**, les **Astérophylles**, les
Sigillaires. Ces plantes, vivaient au pied de végétaux géants
de 15 à 40^m, plutôt pétrifiés que carbonisés. Leur énorme tige est
ornée d'élégantes mosaïques provenant de la chute des feuilles
épineuses, régulièrement disposées : ces troncs sont des **Stigmaires**. Les plus connus sont le **Lepidodendron** (Lepis,

écailleux, **Dendron**, arbre sorte de lycopode de 40^m ; la **Sigillaire**, de 20^m, comparée à un plumeau : et la **Calamite** de 15^m, sorte de candélabre de la famille des prêles ou **Équisétacées**. Les travaux de Grand'Eury ont fait connaître, en outre, au sein des houillères, les premiers **Gymnospermes**. Ces végétaux ont des fleurs (sans corolle) mais *pas de fruit* ; leur nom indique que les « **graines sont nues** », abritées toutefois par un *Cône* écailleux. Ce sont les **Conifères, Résineux**, qui produisent le goudron végétal ou térébenthine. On les surnomme **Arbres Verts** parce qu'ils conservent, plusieurs hivers de suite, leurs feuilles sombres et dures. (A ces caractères vous reconnaissez le Sapin). La période carbonifère vit naître les **Cordaïtes** de 30^m et les **Noggérathies**.

Parmi les animaux, le Spirifer fit place à un autre brachiopode, le *Productus*. L'extension de la végétation purifia l'atmosphère, car les feuilles absorbent le gaz carbonique pendant le jour : elles le décomposent. La plante conserve le charbon et rejette l'oxygène $CO^2 = C + 2\,O$. Il en résulta que la **Faune terrestre** devint importante : insectes, araignée, scorpion. Plusieurs de ces petits êtres ont été conservés dans la résine fossile ou *Ambre* qui découlait des *Conifères*. Toujours des poissons ganoïdes. Un deuxième batracien, l'*Archegosaure*, trouvé à Sarrebruck, et les **premiers reptiles** : des crocodiliens, **Éosaure, Protosaure** ; un grand lézard, **Hylerpéton**.

II. — Le 1er Étage est nommé Calcaire carbonifère parce que sa base consiste en un calcaire noir. Il domine au nord de l'Europe. Souvent il est métallifère, riche en minerais de fer, de sorte que le pays privilégié possède, côte à côte, dans la même mine, le minerai, et le charbon nécessaire à sa métallurgie. C'est le cas pour l'Angleterre où cet étage affleure beaucoup, formant « le Calcaire de montagne ». La Belgique possède sur les bords de la Sambre et de la Meuse, les riches charbonnages de Charleroy, Namur, Liège qui n'appartiennent pas exclusivement au 1er étage. A Mons, le marbre noir, criblé d'encrines, est surnommé « Petit granit des Ecaussines ». Le Calcaire Carbonifère n'affleure guère dans notre France : on l'exploite à Landrecies, Avesnes, Le Quesnoy ; un peu dans la Sarthe et à Roanne.

Le 2e Étage est nommé Grès houiller parce que sa base consiste en un grès foncé, que surmontent des couches alternatives de houille et de schistes argileux, parfois bitumeux (huile de schiste). La houille est donc entourée de 2 lits argileux, « le mur et le toit » ; son épaisseur est faible ; toutefois, à Blanzy, on cite une couche de 20 m.

L'exploitation est pénible, le mineur est exposé à de graves dangers bien qu'on ventile avec soin et qu'on surveille les infiltrations de l'eau. On nomme *Grisou* le mélange explosif de l'air avec le *Gaz des houillères*, identique au *Gaz des marais* : c'est un des éléments du gaz de l'éclairage, association de charbon et d'hydrogène, un *Hydrogène Carboné* $C^2 H^4$. Davy a inventé une lampe qui évite l'inflammation du Grisou, la flamme étant refroidie par une toile métallique. Pour fabriquer le Gaz d'Eclairage, mélange de plusieurs hydrogènes carbonés avec des vapeurs de goudron, on choisit une houille grasse, bitumineuse : on la chauffe brusquement au rouge-cerise ; elle dégage le Gaz et se transforme en coke. On enlève plusieurs impuretés, dont la principale est le goudron. Ce liquide noir, longtemps dédaigné, fournit la Benzine, le Phénol, la Naphtaline, et la base de couleurs brillantes, l'Aniline.

III. — La France possède 270,000 hectares de Grès houiller, groupés en 70 bassins et 350 houillères. Ici le mot « affleurement » serait inexact, puisqu'il faut creuser profondément. La production annuelle est de 18 à 20 millions de tonnes : ce n'est que la moitié de la consommation. Nous sommes donc tributaires de l'étranger pour autant. Les principaux bassins sont celui du Nord et ceux qui entourent le Plateau Central, surtout à l'est (avec minerai de fer *).

1º Nord : Valenciennes, Anzin, Denain.

2º Saône-et-Loire : Autun, Epinac, le Creuzot, Blanzy.

3º Allier : Commentry ; *4º Loire* : Saint-Etienne *, Rive-de-Gier ; *5º Gard* : Alais *, Bessèges, la Grand'Combe ; *6º Hérault* : Graissesac ; *7º Aveyron* : Decazeville*, Cransac ; *8º Divers* : Brassac, Langeac, Carmaux, Brives, Figeac ; Ahun dans la *Creuse*. Et quelques houillères très isolées : Vouvant dans la *Vendée*, Littry près de Bayeux, Ronchamp près de Vesoul, Fuveau et Fréjus en *Provence*. Les Etats-Unis, le Brésil, et surtout la Chine, sont extrêmement riches.

A la fin de la période houillère, un ensemble de soulèvements parallèles constitue le **7ᵉ Système « du Nord de l'Angleterre »** qui a redressé le Grès houiller dans le comté de York ; dans le Forez ; à Tarare ; dans le Var.

VI. — TERRAIN PERMIEN OU PÉNÉEN

Longtemps confondu avec le précédent terrain dont il constituait le 3ᵉ étage, le Permien a été reconnu assez important pour être détaché à part. Son nom désigne l'immense province russe de

Perm. On oubliera son surnom : *Pénéen* signifie pauvre, parce que on le croyait pauvre en fossiles. Pendant longtemps on n'a connu que 2 affleurements : à *Lodève* (Hérault) où l'on exploite des ardoisières ; à *Muse* (près d'Autun) où l'on exploite des pétroles. Aujourd'hui on connaît des affleurements de calcaire dans le *Calvados*, et de grès dans les *Vosges*.

Trois étages : **1° Le nouveau Grès rouge** des Anglais ; **2°** le **Calcaire magnésien**, dolomitique ; **3°** le **Grès vosgien**. En Allemagne la base du 2ᵉ étage est formée de schistes qui renferment des minerais de cuivre (Pyrite ou sulfure), du sel gemme, et, naturellement, du gypse. Le sel de Strassfürt est associé à un autre, très recherché, le chlorure de potassium KCl. — Parmi les végétaux dominent les conifères : *Walchie, Ulmanie, Gengkophylle*. Sont caractéristiques : le Productus hérissé ; 2 batraciens : le *Protriton* ou 1ʳᵉ salamandre aquatique, et l'*Actinodon* de Muse. Un saurien : l'*Aphelosaure* de Lodève.

Deux ensembles de dislocations du sol constituent le **système du Hainaut** (8) qui précéda le dépôt du grès vosgien, et se fit sentir jusqu'à Laval et Quimper, et le **système du Rhin** (9). Il a redressé le grès vosgien, en orientant les collines qui bordent le Rhin, de Bâle à Mayence : il sépare les Temps Primaires que nous venons d'étudier d'avec les Temps Secondaires auxquels nous consacrerons 3 leçons.

FIN DE L'ÉPOQUE PRIMAIRE

XIᵉ LEÇON

FORMATIONS OU TERRAINS SECONDAIRES

Trias, Jurassique, Crétacé.

*

I. — Trias ou Terrain saliférien. — Son nom indique qu'on le divise en 3 étages : *le Grès bigarré, le Calcaire coquiller et les Marnes irisées.* Le surnom rappelle sa richesse en mines de **Sel gemme** ainsi qu'en **Sources salées** que l'on exploite, ou qui reconstituent une santé chancelante, un tempérament affaibli. Des oxydes métalliques colorent la plupart de ces roches bigarrées, irisées. **1° Les Grès bigarrés** affleurent dans les Vosges et, très peu, en Bretagne. Mais ils abondent sur les bords du Rhin, de sorte qu'ils ont servi à construire les grands édifices, depuis Bâle jusqu'à Coblentz, notamment notre belle cathédrale de *Strasbourg*. **2°** **Le Calcaire** conchylien est criblé de coquilles et d'encrines ; il est assez souvent dolomitique, ce qui contribue à former des sources magnésiennes. C'est l'étage qui forme le Wurtemberg, la Hesse ; qui affleure dans le Tyrol, la Moravie, la Bohême. C'est lui qui donne le sel aux Allemands. Il affleure très peu chez nous : à Espalion (Aveyron) à Nive (Pyrénées) et dans le Var.

. **3°** **Les Marnes irisées** affleurent beaucoup en France. La marne est une association de calcaire et d'argile. Celle-ci est irisée par des oxydes métalliques ; elle renferme des Lignites exploités, sorte de houille imparfaitement formée. Elle est remplie de mines de Sel gemme et de Sources salées, le sel étant toujours accompagné de gypse. Les Marnes irisées ont formé la moitié orientale de la Lorraine. Elles affleurent aussi dans le Doubs, le Jura ; et elles forment plusieurs îlots autour du Plateau central, plutôt à l'ouest, du côté opposé aux grands bassins houillers. On exploite le Sel, ou l'on recherche les sources salutaires à Château-Salins, Vic, Dieuze, Varangéville (*Meurthe*), à Bourbonne-les-Bains : dans quelques localités des Vosges, de la Haute-Saône et du Doubs : à Salins et Poligny (*Jura*) à Bourbon-l'Archambault (*Allier*) ; dans l'Aveyron. Cet étage affleure aussi à Bade, à Bâle, à Salzbourg : dans le Devonshire.

II. — **Fossiles**. — On observe de nombreuses empreintes végétales, même sur les grès bigarrés. Parmi les fougères, d'ailleurs en décroissance, *Pecopteris*, *Neuropteris*. Une grande prêle, le Calamodendron. Une sorte de cyprès, la Voltzia, représente la classe des conifères. La seconde classe des 𝕲𝖞𝖒𝖓𝖔𝖘𝖕𝖊𝖗𝖒𝖊𝖘 (graines nues) est celle des Cycadées, végétaux élégants, avec une certaine raideur, qui ont un peu le port des palmiers. Or le Trias est le règne des **Cycadées** : Zamia, Nilsonia. — Le Productus, qui avait remplacé le Spirifer, est remplacé, à son tour, par un 3e brachiopode, la *Térébratule*, qui vit encore de nos jours. Voici le début d'une seconde famille de céphalopodes, voisine des nautiles : la **Cératite**, aux cloisons finement ondulées et la **1ʳᵉ Ammonite**, Aon. Les Ganoïdes diminuent et vont faire place aux poissons Osseux.

Un batracien géant, sorte de crapaud de 20 m., protégé par des plaques osseuses ; ses dents étaient très contournées, et l'empreinte de ses pieds ressemble un peu à celles d'une main, * ou d'un gant d'escrime ; de là ses 2 noms : **Labyrinthodon** et **Cheiro-**

thère *. Les planches murales reproduisent le fac-simile d'une belle pièce du Muséum ; on en fait aussi le moulage que voici : les grosses empreintes du batracien sont entourées par celles, plus petites, des *Tortues* du trias. Apparition des êtres supérieurs ; et d'abord les **Oiseaux**. Voici une empreinte d'échassier, entourée par les traces des gouttes de pluie de cette époque ; le gaz carbonique rend la pluie assez corrosive pour qu'elle entame les pierres les plus dures. *A fortiori* si la roche argileuse était encore molle. Apparition du **premier Mammifère** : de ceux qui, nés trop tôt, ont besoin d'être abrités plusieurs mois dans la poche maternelle. Ce marsupial était une sorte de sarigue, le *Microlestes*, « petit voleur » ; on l'a trouvé à Stuttgard.

III. — A la fin de l'époque triasique un soulèvement continu, associé à des éruptions de Serpentines, se fit sentir sur un vaste espace et orienta un grand nombre de collines. C'est le **Système de la Thuringe (10)** qui donna son inclinaison à la longue chaîne s'étendant du Limousin à la Vendée. Son influence est très visible au sud-ouest des Vosges, à Avallon, Autun, Aubin (Aveyron).

Carte géologique. — Ecrire au crayon les noms des principaux bassins houillers ; plus tard, on les écrira à la plume et l'on soulignera de noir. Tracer les limites du Trias, surtout la moitié Est de la Lorraine, avec le Wurtemberg, et colorier en **orangé** ou **violet clair**. Inscrire au crayon quelques localités importantes : Salins, Bourbon-l'Archambault ; à la fin du cours, on les retracera à l'encre, en les soulignant de violet ou d'orangé foncé.

Exercice. — Faire un Résumé du trias sous forme de Tableau, dans le genre de celui de la IXᵉ Leçon : le nom du terrain, ceux des étages, les roches principales, les fossiles caractéristiques, et les grands affleurements. Loin de mettre tous les détails, il ne faut inscrire que l'essentiel, l'indispensable. Faire celà, à chaque leçon, serait le meilleur moyen de la retenir, et de préparer les compositions.

XIIe LEÇON

FORMATION JURASSIQUE *(2ᵉ terrain secondaire).*

I. — Affleurements. — Le nom de ce terrain indique qu'il constitue notre province du Jura. C'est le terrain français par excellence; il a formé le tiers de notre Patrie, en réunissant les Iles et ilots des précédents affleurements. Désormais, la configuration de la France est indiquée et ne fera que s'accentuer. On pourrait aller à pied sec de Mézières à Bayonne et de Bayeux à Nice, moitié directement, moitié en décrivant une courbe très nette, car le Jurassique forme un X autour du Plateau Central. Partons de Nice :

Le Jurassique affleure sur la moitié orientale de la Provence et du Dauphiné ; il a formé le tiers de la Savoie, tout le Jura, la Franche-Comté, les trois quarts de la Bourgogne, la moitié occidentale de la Lorraine et le Barrois, une partie du Berry et du Poitou. Une large courbe remonte de Poitiers à Bayeux. Une autre contourne le Plateau Central, couvrant le nord des Charentes, et s'amincissant de Cognac à Alais. Enfin, le Jurassique s'étend, par intermittences, le long des Pyrénées, plutôt en leur centre, jusqu'à Bayonne. Le **soulèvement de la Côte-d'Or** (**11**⁰) orienta les collines où devaient prospérer nos plus beaux vignobles. Il exhaussa lentement notre pays, à la fin de la période Jurassique. Alors la France fut creusée de trois golfes profonds, remplis par la **Mer Crétacée** : 1⁰ le **Golfe de Paris**, isolé des deux autres ; 2⁰ le **Golfe de Bordeaux**, qui communiquait par un détroit (de Montpellier à Carcassonne), avec le 3ᵉ, **Golfe de Lyon**, s'enfonçant jusqu'à Vesoul.

Carte géologique. — Dessiner ces contours ; ajouter le Boulonnais ; colorier en bleu clair.

II. — Roches jurassiques. — Ce sont nos plus belles pierres à bâtir, nos plus abondants minerais de fer, quelques pierres lithographiques et d'excellents ciments. On divise le Jurassique en 3 formations : 1⁰ le **Lias** ou Calcaire argileux des Anglais; il nous fournit les ciments célèbres de Vassy et de Pouilly. Sa base est l'Etage de Semur et du Lyonnais, criblé de gryphées. Les Allemands utilisent un assez beau grès, et la Bavière exploite des pierres lithographiques. 2⁰ L'**Oolithe** est un calcaire, plus ou moins grenu (en œufs de poisson) qui constitue les célèbres pierres à bâtir, de Bayeux, de Caen, du Jura. Elle renferme des minerais de fer et surtout la *Limonite*, parfois oolithique. 3° Les nombreux étages, déterminés par d'Orbigny dans le **Jurassique supérieur**, portent des noms anglais, parce qu'ils dominent à l'est de l'Angleterre ; aussi affleurent-ils sur notre littoral normand. D'abord, l'*Argile de Dives* et de Toul. L'*Oxfordien*, dont la limonite alimente nos Hauts-Fourneaux de Franche-Comté, de la Voulte (Ardèche) et de Launoy (Ardennes). Le *Corallien*, criblé de polypiers et d'encrines, fournit les pierres de construction de Lorraine et la pierre lithographique du Vigan (Gard). Le *Kimmeridjien* affleure à l'embouchure de la Seine où il forme la base des collines de Honfleur et du Havre. Le *Portlandien*, si célèbre par le ciment anglais, affleure à Boulogne et à Auxerre ; il renferme quelques grès, et la pierre à bâtir de Londres et de notre Barrois. L'étage de *Pürbeck* est spécial aux Anglais : couches boueuses, argile lacustre, avec une bande épaisse de terreau fossile, humus qui a conservé intacts le tronc de nombreux arbres (Comté de Dorset). Quelques porphyres, quelques serpentines, mais très peu.

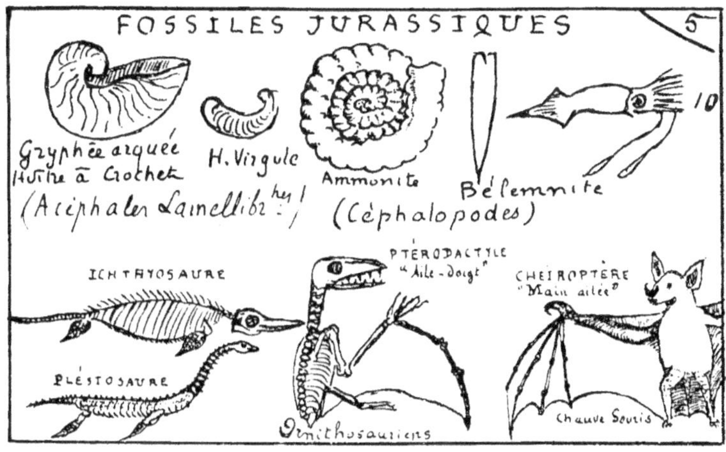

III. — Fossiles. — Les dernières grandes Fougères. De beaux Conifères. Apparition des **Monocotylédones** : Palmier, pandanus, zostères. Ce nom indique que la graine renferme, dans un seul cotylédon, ou sac nourricier, des provisions destinées aux débuts de la petite plante (Parmi nos Monocotylédones actuelles : les Céréales, blé, orge, avoine ; le yucca, le lys, la tulipe). Parmi les mollusques, le Pecten lyonnais, un grand nombre d'huîtres, la Gryphée à crochet, la Virgule de Kimmeridje. Plusieurs centaines d'Ammonites et de Belemnites; celle-ci avait, comme la goniatite et le calmar, une armure interne, dont on possède seulement l'extrémité pointue. Plusieurs Raies. La classe qui domine est celle des REPTILES, et quelques-uns sont des **Intermédiaires**, soit entre les reptiles et les poissons, soit entre les reptiles et les oiseaux. Deux grands Sauriens à nageoires, aux yeux protégés de plaques osseuses l'*Ichthyosaure* aux allures de requin, et le *Plesiosaure* au cou démesuré. Le *Téléosaure* terrestre, et l'*Eurysaure* de Vesoul. Un petit reptile volant, comme le Dragon de Java ; son parachute est appliqué sur un seul doigt démesurément long, tandis que l'aile de la chauve-souris s'appuie sur 4 doigts allongés ; ce reptile est le **Pterodactyle** (*Aile-Doigt*) dont le nom rappelle celui d'un poisson volant, le **Dactyloptère** (*Doigt-Aile*). Le Jurassique renferme des oiseaux qui avaient certains caractères du reptile : l'*Archeopteryx* (*Ancien Oiseau*) avait la mâchoire dentée et la longue queue d'un grand lézard, queue de 25 vertèbres couverte de plumes. Les Marsupiaux furent nombreux : mais de petite taille. Les deux plus connus ont des noms analogues, signifiant tous deux « animal à bourse » le **Thylacothère** et le **Phascolothère**. En grec, Bourse se dit *Phascolon* et *Thylax*. La désinence *Thère* ou *Thérium* vient de *Thérion* animal ; nous la retrouverons fréquemment chez les mammifères fossiles du Tertiaire.

Récits. Décrire le coin géologique du Palais de Cristal, près de Londres. A Thun, devant l'Ecole d'Artillerie, 2 canons entourés par 22 pierres, envoyées par les 22 cantons de la Suisse.

Saint-Claude et Nantua sont au centre de deux cirques jurassiques, calcaire jaune et marne bleuâtre, où l'on observe toutes les stratifications possibles, concordantes et discordantes : horizontales, inclinées, redressées, verticales ; avec ces brusques affaissements qui déterminent un brusque changement de niveau, les *Failles*. En pénétrant dans cette ville si pittoresque de St-Claude, qui n'a rien à envier à la plus pittoresque des cités helvétiques (j'ai nommé Fribourg), on est surpris de ne voir sur les promenades que de petits arbres, récemment plantés, alors qu'on espérait, plus qu'ailleurs, l'ombrage de doyens séculaires. Ils existaient, il y a cinq ans, ces arbres magnifiques ; une seule nuit, une seule heure a suffi pour les détruire. Le 19 août 1890, St-Claude a été bouleversé, saccagé par un cyclone terrible, accompagné de lueurs électriques, véritable ouragan des Antilles. Quelques maisons furent renversées, les grands arbres furent déracinés, des forêts de sapins ont été anéanties.

Nantua a moins d'avenir industriel, mais il est aussi intéressant, à tous les autres points de vue géologique, historique, artistique. Une différence d'altitude de 120^m explique que son joli lac soit alimenté, pour la majeure partie, par le lac des Sylans, dont les pures glacières expédient leurs produits dans toute la France. La communication des 2 lacs est longtemps cachée sous terre ; enfin, cessant d'être souterraine, la rivière *la Doye* affleure près de Neyrolles. Et ce lac des Sylans est entretenu, surtout, par le lac Genin, situé à 235^m au-dessus, altitude de 830^m. De même, dans les Vosges, la rivière *la Vologne* relie les 3 jolis lacs de Retournemer, Longemer et Gérardmer ; la Suisse n'a rien de plus délicieux.

XIIIe LEÇON

FORMATION CRÉTACÉE (*3e terrain secondaire*).

I. — AFFLEUREMENTS. — Le nom de ce terrain indique sa richesse en **Craie** : calcaire tendre, formé par l'agglutination des carapaces de petits être marins, les Foraminifères, cimentées par une pâte calcaire, fine et mince. La « mer crétacée » a déposé régulièrement la craie au fond de nos 3 golfes : mais le soulèvement postérieur du sol ayant été plus accusé au Nord-Est, les affleurements dominent au Nord et à l'Est de ces 3 bassins. 1º Dans le **Golfe de Paris** ou **Anglo-Parisien**, le crétacé s'entremêle au *Quaternaire* pour former la Normandie, la Picardie, l'Artois, la Flandre. Il règne seul en Champagne et au nord de la Bourgogne. Moins important au sud et à l'ouest, il termine le pourtour du golfe par une courbe, étroite en Touraine, un peu plus large dans le Maine.

2º Dans le **Golfe de Bordeaux** ou d'**Aquitaine**, le crétacé forme au nord la moitié des Charentes, le Périgord ; et, au sud, une bande étroite tout le long des Pyrénées. Il domine de l'autre côté, dans toute l'Espagne septentrionale. 3º Dans le **Golfe de Lyon** ou **de Povence**, le crétacé est abondant à l'est, formant la moitié de la Provence, du Dauphiné et de la Savoie. Il oblique à droite, vers la Suisse ; on ne le rencontre pas au nord du golfe, de Chambéry à Vesoul. Les dépôts se succèderont, désormais, dans les 3 bassins, d'une manière que l'on compare à **l'emboitement de cuvettes** de plus en plus petites, et ce contournement guidera les recherches du géologue : par exemple pour percer un puits artésien, à condition de tenir compte des fréquents mouvements du sol, la « cuvette » se soulevant d'un côté et s'abaissant de l'autre. C'est ainsi que le Calcaire parisien se relève de 150 mètres de Paris à Laon. Le soulèvement du **mont Viso** (12) dont on suit la direction depuis Cannes jusqu'au Jura, partage en 2 périodes la formation crétacée : les Mélaphyres et les Serpentines, d'ailleurs assez rares, ne dépassent pas le crétacé inférieur. Le **13ᵉ Système, des Pyrénées**, qui a séparé la France de l'Espagne, termine la formation crétacée, et, par suite, les *Temps Secondaires*.

Bien tracer les contours indiqués, et mettre la couleur **verte**, adoptée par presque tous les géologues.

II. — ROCHES CRÉTACÉES. — La Craie domine, formant les falaises *blanches* * de la Seine, de la Normandie, de l'Angleterre (Albion), et les campagnes peu fertiles de l'Aube *, de la Champagne. Ce calcaire est trop tendre pour servir de pierre de construction, mais sa cuisson donne la chaux. On utilise sa blancheur, très pure à Meudon, à Sens, à Maestricht. Parfois la craie est verte, soit glauconieuse, soit chloritée. Désormais les dépôts du Midi ne seront plus identiques à ceux du Nord. C'est ainsi que le calcaire de la Grande-Chartreuse et celui d'Angoulême, bien plus compactes que la craie, servent pour constructions. Les étages les plus nets du crétacé inférieur sont le *Néocomien* de Neuchâtel (Suisse), l'*Aptien* d'Apt et de l'Yonne. Le *Gault*, qui désigne des marnes anglaises bleuâtres, renferme aussi des grès verts ; il affleure dans le Pas-de-Calais, l'Argonne et l'Ain. C'est entre les 2 argiles de ces 2 étages, que s'étend la nappe aquifère qui alimente les puits artésiens de Grenelle, de Passy (*Planche* I) et ceux de Londres.

Dans le crétacé supérieur on observe la *craie verte* de Rouen et du Mans. Les Etages *de Tours* (tuffeau sableux), *de Sens* (Vendôme, Epernay, Maëstricht) et *du Danemarck* (Seeland : Meudon, Montereau, Beauvais). Ce dernier présente des échantillons à grains aussi gros que des pois, *Pisolithiques*. On trouve dans ces terrains une houille incomplètement formée, les **Lignites**, et des sables assez ferrugineux pour être exploités en qualité de minerai. On trouve aussi trois sortes de **Nodules** ou **Rognons**, formés d'ordinaire par des sources thermales ; et agglomérés autour d'un centre qui est, le plus souvent, un petit fossile : 1º *des Nodules de* **Silex**, très régulièrement stratifiés ; on les emploie à bâtir, on en fait des meules. Nos ancêtres s'en servirent beaucoup. On les utilisa aussi pour le mousquet et le briquet. 2º *des Nodules* de **Phosphate de chaux**, fertilisant très recherché par l'agriculture. 3° *des Nodules* d'une pyrite spéciale, fibreuse, rayonnée, la *Marcassite* qui donnerait un métal médiocre, et qu'on emploie à fabriquer l'acide sulfurique SO^3, et le sulfate de fer SO^3, FeO.

III. — FOSSILES. — L'abaissement de la température de notre globe permet désormais au soleil de jouer le rôle dominant. Les **Climats** apparaissent. Jusqu'au crétacé l'uniformité de la chaleur avait déterminé l'uniformité dans la distribution des êtres vivants. On trouve des fossiles identiques en Suède et en Egypte. Désormais, la différence des climats, de plus en plus accentuée, entraînera comme conséquence des différences notables entre les **Flores** et les **Faunes** des régions éloignées les unes des autres. C'est ainsi que les Conifères se localiseront dans le Nord, et les palmiers, dans le Midi. D'autre part, l'Océan universel fait place à des mers spéciales, des golfes restreints, ce qui amène des différences entre les dépôts contemporains, et entre les fossiles qui accompagnent ces sédiments. C'est ainsi que les deux golfes du Sud, qui communiquaient à la hauteur de Carcassonne, renferment des fossiles spéciaux qui manquent au crétacé parisien ; par exemple, les **Rudistes** tels que l'*Hippurite*, dont une valve sert de petit couvercle à l'autre.

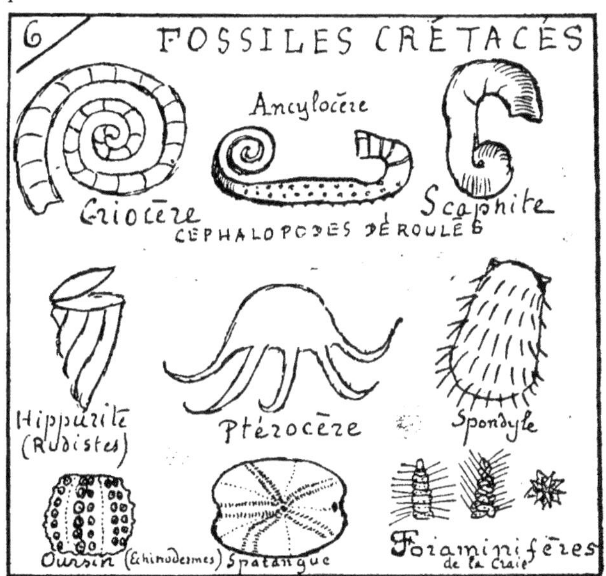

Apparition des végétaux supérieurs, 4ᵉᵐᵉ et dernière division, les **Dicotylédones**. Leur graine possède 2 cotylédons, 2 sacs nourriciers, pour les débuts du nouveau végétal. Ce sont les plantes qui nous entourent continuellement, reines de nos forêts, de nos vergers, de nos jardins. Dans le crétacé, les premiers dicotylédones sont dépourvus de corolle brillante : le *Saule*, l'*Erable*. Parmi les mollusques, le *Spondyle*, le *Ptérocère*, d'aspect remarquable. Encore des centaines d'Ammonites et de Belemnites, qui remplissent le musée de Longchamps, à Marseille. La note caractéristique est donnée par d'autres céphalopodes à coquille déroulée, soit à demi, soit entièrement, exactement comme plusieurs fossiles primaires ; l'**Ancylocère** en double crosse ; le **Scaphite** semblable aux lituites, le **Criocère** qui rappelle les gyrocères ; la **Baculite** droite comme une orthocère. Plusieurs reptiles curieux : le *Mosasaure*, à nageoires, « saurien de la Meuse », trouvé à Maestricht ; l'*Hylæosaure* au dos crênelé ; le *Megalosaure*, sorte de Monitor de 20^m ; et le très curieux *Iguanodon*, à dents festonnées d'iguane. Il rappelle à la fois l'autruche et le kanguroo. Au musée de Bruxelles, une salle est consacrée à une dizaine d'iguanodons, plus grands que des girafes, noircis par la houille qui les abrita longtemps. Très peu d'oiseaux et de mammifères au sein du Crétacé. L'Amérique possède l'*Ichthyornis*, dont le nom indique un oiseau ayant quelques caractères du poisson, entre autres la dentition.

FIN DE L'ÉPOQUE SECONDAIRE

XIVe LEÇON

FORMATIONS OU TERRAINS TERTIAIRES

I. Affleurements. — Les formations Tertiaires consistent en nombreuses alternances de sédiments marins et lacustres, parfois même terrestres, ce qui indique de fréquentes oscillations du sol, tantôt soulevé et tantôt abaissé. Le plus souvent ces mouvements furent lents, continus ; mais plusieurs commotions brusques, se rattachant aux Eruptions des trachytes et des basaltes, ont surpris et décimé des groupes d'animaux (le gypse d'Aix est criblé de poissons). Loin d'être définitifs, les bords des 3 golfes crétacés changèrent souvent. Après avoir envahi le continent, la mer se retirait, au delà de ses premières limites, laissant des lagunes saumâtres que l'apport des fleuves et de la pluie transformaient en lacs d'eau douce. Alors à une faune marine succédait une faune lacustre : les *Nummulites* (en pièce de monnaie) et les **Cérithes** étaient remplacées par les Lymnées et les Planorbes. Et si la formation était essentiellement terrestre, nous y trouvons des gastéropodes terrestres, Hélix et Cyclostomes. Les sédiments marins dominent à l'entrée des 3 golfes : et les dépôts lacustres au milieu, ou au fond de ces bassins. Celui « de Paris ou Anglo-Parisien » était presque indépendant, comme la mer d'Azof ; la Manche était réduite à un détroit peu large, s'étendant de Paris à Londres Les continents étaient couverts de forêts, de marécages, et de lacs. Trois Systèmes de soulèvements partagèrent en 3 périodes la formation Tertiaire : le système de **la Corse** (**14**), celui des **Alpes Occidentales** (**15**) et celui des **Apennins** (**16**). On est frappé de l'apparition tardive de nos deux grandes chaînes, les Pyrénées et les Alpes Occidentales : quant aux Alpes Principales, elles n'existent pas encore; elles seront soulevées dans le Quaternaire.

II. — Roches tertiaires. — On divise la formation Tertiaire en 3 périodes, 3 terrains : 1º l'EOCÈNE, déposé contre le crétacé qui l'entoure, est surnommé **Parisien**, parce qu'il a fourni à notre capitale tous les matériaux nécessaires à une grande cité. D'abord une belle pierre à bâtir, *le* **Calcaire** *à cérithes*, dont les carrières sont si nombreuses au sud de Paris : Montrouge, Issy, Vaugirard. Tout un quartier de la rive gauche repose sur des carrières épuisées, les catacombes. Creil, Chantilly possèdent de très beaux calcaires. Au-dessous de cette formation marine s'étendent les *Sables du Soissonnais*, remplis de Nummulites, et d'une pyrite argileuse qui sert à fabriquer l'alun et le vitriol vert. On trouve aussi une belle terre glaise, employée par les sculpteurs et pour poteries, l'**Argile plastique** de Vanves, de Meudon.

Au-dessus du Calcaire Parisien s'étendent les *Marnes* lacustres de Saint-Ouen, Saint-Denis, Ménilmontant et le très utile **étage du Gypse** que révèlent les fours-à-plâtre de Montmartre, Pantin, Romainville. En résumé Paris possède tout ce que réclame la construction d'une capitale : une belle pierre, solide et docile au ciseau du sculpteur ; du plâtre, de la terre glaise, des marnes convenables pour briques et tuiles, des sables propres à faire du mortier. Longtemps il fut pavé en grès appartenant au Miocène ; on les exploite encore à Fontainebleau. — Le Gypse d'Aix (Provence) est rempli de poissons, surpris par un brusque départ des eaux. En Pologne, ce gypse est accompagné de mines énormes de sel gemme. La Dordogne connut, avec plus de violence que l'Ile de France, les alternatives de dépôts marins et lacustres : calcaires de Blaye, Pau, Carcassonne. Sur tous les bords méditerranéens règne un calcaire nummulitique ; il a servi à bâtir les Pyramides. L'Eocène affleure sur la moitié nord de la Belgique, à partir de Maubeuge et de Liège.

2º **Le Miocène inférieur** ou Oligocène, a formé les calcaires de la Brie et de la Beauce, remplis de silex Meuliers, ainsi que les grès et sables de Fontainebleau. C'est dire qu'il constitue un losange dont les 4 coins sont Mantes, Epernay, Montargis et Blois. Il est entouré par l'anneau que forme l'Eocène, sorte de cadre dont les 4 angles vont de Mantes à Lisieux, d'Epernay à Ham, de Montargis à Cosne, et de Cosne à Blois, Chinon, La Flèche. (Et, pour terminer en 3 lignes ce GOLFE ANGLO-PARISIEN : le Miocène sup. forme un triangle de Romorantin à Orléans ; le Pliocène affleure à Orléans : le Quaternaire borde les vallées des grands cours d'eau et partage, avec le Crétacé, la Normandie et la Picardie).

FORMATIONS TERTIAIRES		Systèmes de Soulèvements
Périodes	Divisions, Etages, Roches Utiles	
III	2. Pliocène : *Faluns* (sables coquillers).	17° Alpes principales.
NÉOGÈNE	1. Miocène sup^r : *Molasse* (grès tendre).	16° Apennins.
II	ou *Meulière* (silex caverneux).	
OLIGOCÈNE	Miocène inf^r : Calcaire-Grès (**Fontainebleau**).	15° Alpes-Occid^{les}.
I	2. Sables de Soissons.—Gypse de **Montmartre**.	14° Corse.
EOCÈNE	1. Argile Plastique. Calcaire Parisien.	
FORMATIONS SECONDAIRES		13° Pyrénées.
III	3. **Sup^r** : Craie. Silex. Phosph^{te} de chaux.	
	2. Interméd. Glauconieux : Grès et Craie verts.	12° Mt Viso.
CRÉTACÉ	1. **Inf^r** : Calcaire. Sables. Marnes. Lignites.	
II	3. **Sup^r** : Pierre de Lorraine et de Portland.	11° Côte-d'Or.
	2. *Oolithe* : Pierre de Caen, du Jura. Fer.	
JURASSIQUE	1. *Lias :* Calcaire. Marnes. Ciments.	
I	3. *Marnes Irisées* avec **Sel**, Gypse.	10° Thuringe.
TRIAS	2. *Calcaire magnésien* : sources magnésiennes.	
ou SALIFÉRIEN	1. *Grès bigarré :* des Vosges et du Rhin.	
		9° Rhin.

La **Meulière** est un silex, formé par des sources, au sein du miocène, et surtout au-dessus du grès de Fontainebleau. Elle sert à faire de belles meules : celles de la Ferté-sous-Jouare sont renommées. Quand la meulière est caverneuse, comme à Montmorency, on l'emploie pour les assises des constructions, pour empierrer les routes, consolider les talus, par exemple ceux des Fortifications de Paris. La Touraine est riche en **Faluns**, sables coquillers qui servent à fertiliser les champs argileux, d'autant mieux que leur calcaire renferme un peu de phosphates. Certaines sources ont déposé des amas de phosphates, les *Phosphorites*, très recherchés par l'agriculture. — Pendant cette période s'est formé le calcaire de Bordeaux, de Bazas, Agen, Narbonne. Quelques grands lacs d'Auvergne, dans les futures vallées de la Loire et de l'Allier, ont produit une pierre riche en débris d'oiseaux, notamment des flammants : calcaire à indusies ou à friganes. Page 16.

3º Le Néogène est la réunion du **Miocène supérieur** et du **Pliocène**. Le premier est caractérisé par un grès tendre, argilo-calcaire, la *Molasse*, exploité pour moëllons à Montpellier, en Suisse. Il renferme le *calcaire à hélix* d'Orléans et de l'Armagnac. Quant au **Pliocène**, surnommé **Subapennin**, parce qu'il a été déposé après le soulèvement des **Apennins (16)**, il consiste surtout en Faluns, sables marins coquillers. Il affleure beaucoup au milieu des terrains primaires du littoral breton et vendéen ; on le suit de Château-Gontier à La Roche-sur-Yon. Il forme les sables de Nevers, de Moulins. Il a comblé le fond du 3ᵉ golfe, de Vesoul à Bourg et Trévoux. Le Pliocène affleure à Perpignan, à Mont-de-Marsan. Il couvre le Piémont et le littoral d'Anvers. Les Anglais le nomment *Crag* (Suffolk, Norfolk). Presque partout nous constatons cet emboîtement en cuvettes déjà signalé : il fait d'Orléans le centre du golfe anglo-parisien.

III. — Fossiles. — Les Climats, de plus en plus tranchés, jouent un rôle prépondérant dans la différenciation et la distribution des Flores et des Faunes. On s'en aperçoit surtout à la fin des Temps Tertiaires, car, entre le Miocène et le Pliocène, la température moyenne a baissé dans nos régions d'une vingtaine de degrés *. Apparaissent, enfin, les ancêtres des êtres vivants qui nous entourent, ainsi que l'indique la *désinence* des périodes tertiaires : Cène dérive de « Kainos, récent ». Désormais règneront les Dicotylédones, beaux végétaux de nos forêts et de nos vergers : Chêne, Tilleul, Laurier, Vigne et, à leurs pieds, les fleurs brillantes, à corolle parfumée. Au début de cette époque on voit encore, parmi eux, des Palmiers, des Tulipiers, des Sequoïa que le refroidissement * relèguera de plus en plus au Midi, d'abord en Italie et en Espagne, ensuite sous les tropiques.

Les Nummulites sont des foraminifères, à spires percées de trous : leur taille moyenne est celle d'un liard, mais on en connaît d'aussi grosses qu'une pièce de 5 francs. Notre collection renferme une cérithe de 40 centimètres ; il en existe de plus grandes. Le lycée Montaigne repose sur un sol tellement criblé de petites cérithes qu'on le nomme « calcaire grossier ». Un grand Triton, salamandre aquatique, trouvé à Œningen, fut pris longtemps pour les restes d'un roi barbare, Cimbre ou Teuton. Négligeant les reptiles, d'ailleurs en décroissance, on consacre toute son attention aux oiseaux (échassier de Montmartre, flammant d'Auvergne) et aux Mammifères « restaurés » par Cuvier. Cet homme de génie reconstituait tout un animal avec quelques os seulement. Le premier, il comprit cette harmonie en vertu de laquelle, tous les membres, tous les organes d'un animal, sont adaptés à un genre de vie déterminé : et cette corrélation qui fait que tout os important exerce une influence sur la forme et la position des os voisins, et, de proche en proche, sur le squelette entier. Son élève, Geoffroy St-Hilaire, devint son émule, en étendant ses idées aux débuts de la vie chez les animaux. Dans les carrières de gypse de Montmartre, on trouvait des fragments de squelettes ; on les apportait à Cuvier ; il en faisait le triage : et l'examen d'un petit nombre d'os lui suffisait pour pressentir, décrire, reconstituer l'animal. En créant l'étude des fossiles, la **Paléontologie**, Cuvier a fondé les bases de la géologie : palaïos anciens *, ontos êtres.

L'Eocène semble avoir été une période pacifique, où les herbivores ne furent inquiétés que par un très petit nombre de carnassiers. Les marais étaient remplis par les ancêtres de nos Bisulques actuels, au nombre de doigts pair ; des Porcins et des Ruminants, avec cornes (Xiphodon), ou sans cornes (Chevrotains). Plus considérables encore étaient les précurseurs de nos Jumentés, au nombre de doigts impair. Ainsi le Paléothère * était une sorte de tapir, muni d'une courte trompe. L'Anoplothère, svelte comme l'âne sauvage, se servait de sa longue queue en guise de gouvernail. L'un et l'autre avaient des représentants de toutes tailles, comme le chien ou le kanguroo. Les ancêtres du **Cheval**, d'abords lourds, trapus, à 3 doigts égaux, abandonnèrent peu à peu les marécages pour le sol plus résistant des prairies ; leur course devint de plus en plus rapide. Alors les 2 doigts latéraux diminuèrent (Hipparion) et disparurent. Les 2 stylets qui bordent le canon du cheval attestent cette transformation. (Tome III, page 87).

Avec le Miocène apparurent d'autres herbivores, en général supérieurs ; des Carnassiers formidables ; des Singes et les animaux à trompe. Les ancêtres des bœufs, des antilopes et des cerfs ; une girafe ; le sanglier et l'hippopotame. Gaudry a découvert un grand nombre d'**intermédiaires** entres les espèces actuelles, et même de **transitions** entre les genres contemporains, ainsi que l'avait prévu Geoffroy St-Hilaire. Tel animal s'intercale entre la girafe et l'antilope ; tel autre entre l'ours et le chien. Parmi les proboscidiens, à trompe ; le **Dinothère** (deinos, énorme) le plus gros mammifère terrestre, près du double de l'éléphant · ses 2 incisives inférieures se recourbaient en courtes défenses. Le **Mastodonte** avait ses 4 incisives allongées en défenses ; son nom indique que ses molaires étaient mamelonnées et, par suite, très différentes de celles de l'éléphant. Quant au Mammouth (*elephas primigenius*) on le rattache à la période quaternaire.

Au milieu de ces collections du Muséum, quelle statue placeriez-vous ? si ce n'est celle de **Cuvier**, beau marbre sculpté par David d'Angers. Une autre, en bronze, du même artiste, se dresse à Montbéliard, ville natale de Cuvier. Nous avons à Paris Claude Bernard et Broca ; Caen possède Elie de Beaumont ; Auxerre a Paul Bert. Au retour d'une longue traversée, on est accueilli à l'entrée du port du Havre, par Bernardin de

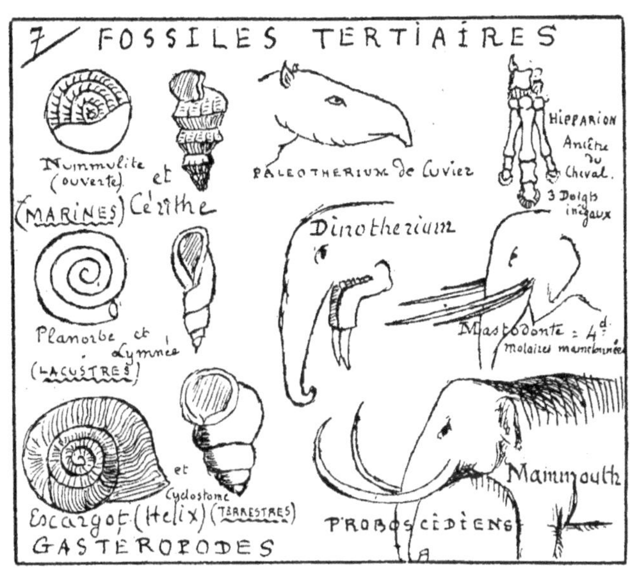

Saint-Pierre, qui décrivit avec tant de charmes la flore des Tropiques. La belle statue de Buffon décore le plateau qui domine Montbard, à deux pas de la haute tour où l'illustre naturaliste, docile aux indications de Franklin, dressa le premier paratonnerre. A l'autre extrémité de la colline, au pied de la tour, le fils de Buffon a fait élever une petite colonne ; elle porte cette inscription que j'ai copiée pour vous ; *Excelsæ turri, humilis columna : Parenti suo, Filius Buffo ; 1785* ». Quelques années auparavant il avait fait un voyage scientifique, en Hollande, sous la direction de l'illustre Lamarck ; et quelques années après, pendant la Terreur, il mourait sur l'échafaud avec Lavoisier.

Carte géologique. — Il ne reste plus qu'à étendre la couleur **jaune** à l'intérieur des 3 golfes, pour indiquer la formation Tertiaire.

Sauf les restrictions que comporte le **Quaternaire**** représenté en **gris foncé** : soit les bords des grands fleuves ; les lieux où leur cours se ralentit ; quelques pays de plaines, l'Alsace, la Camargue. D'Avignon à Bourg. Certains points du littoral. Près de la moitié de la Normandie et de la Picardie que le Quaternaire partage, en mosaïques entrelacées, avec le Crétacé ; — tout comme il s'associe au Pliocène, pour former le département des Landes, et les vallées des Gaves pyrénéens.

Le Brouillon de la Carte Géologique est terminé. Passez à l'encre les noms tracés au crayon, et mettez quinze jours à recopier fidèlement ce brouillon au Net.

XVᵉ LEÇON

ÉPOQUE QUATERNAIRE

I. — Son ensemble. — Nous venons de préciser sur la Carte** les lieux où l'épaisseur de ce terrain est assez importante pour qu'on leur donne une coloration spéciale (Gris foncé), mais il n'est pas un seul point du globe où **l'action quaternaire** ne se soit fait sentir. Ce fut une modification des précédents affleurements, aussi bien du granit que du pliocène, sous l'influence tumultueuse de Déluges et de formidables Cours d'eau. Elle présente donc, au suprême degré, les phénomènes d'érosion et de transport. Ce n'est pas une formation nouvelle, mais une déformation de ce qui existait. Presque partout, le quaternaire constitue le sous-sol, plus ou moins épais. L'ensemble de ses Alluvions Anciennes forme le 𝕯iluvium, mélange de limon, de sables, de cailloux roulés, et de divers fragments cimentés (Conglomérats ou Poudingues).

1º **Deux Déluges européens** bouleversèrent la surface de l'Europe : le premier paraît se rattacher au soulèvement des Alpes Scandinaves, le second à celui des **Alpes Principales (18)**.

2º **Les Grands Cours d'eau** débordèrent, et devinrent immenses, à la suite de ces déluges. Les nombreux lacs aussi. Et quand cessa la **Période dite Glaciaire**, la fonte des glaces contribua à entretenir la violence des rivières. Les galets arrondis démontrent que la Seine s'élevait aux trois quarts du Mont-Valérien. Ainsi les fleuves creusèrent leur lit avec impétuosité. Cette **Érosion** des vallées fut accompagnée de sédiments, d'alluvions : 1º *le Diluvium gris des Vallées*, est un ensemble stratifié de cailloux et de sables, que surmonte souvent le Limon. Si les premiers dominent comme en Camargue, le sol est peu fertile ; si le limon est abondant. comme dans le **Lehm** alsacien, la contrée est riche. Sur quelques points de la Champagne le quaternaire manque, probablement entraîné par des courants ; la culture est pauvre. 2° *le Diluvium rouge des Plateaux* consiste en conglomérats, cimentés par une pâte ferrugineuse ; il remplit souvent des cavités, des fissures ; il est pauvre en limon et en fossiles.

Le Quaternaire présente-t-il des formations proprement dites ? Oui, toutes celles que nous avons étudiées dans les premières Leçons, parce qu'elles se continuent de nos jours. Le fond des mers s'est élevé pour plusieurs raisons, et certains points du littoral se formèrent à cette époque. Des sources calcaires produisirent des travertins et des tufs crayeux. Les tourbières de Picardie et d'Irlande, les sables des Landes, et du Sahara, sont rattachés au quaternaire. L'Etna, la Somma (futur Vésuve), plusieurs Puys d'Auvergne épanchèrent leurs laves : quand elles se refroidirent sous l'eau, elles constituèrent les tufs volcaniques. De même que pour les alluvions fluviales, il est bien difficile de préciser une démarcation entre les dépôts quaternaires et nos formations contemporaines. L'apparition de l'Homme ? Mais on a trouvé l'homme dans le miocène, et on ne désespère pas de le rencontrer dans l'**Éocène** qui méritera, alors, mieux que jamais, son appellation : **Aurore des temps nouveaux.** Quelques géologues font dater l'époque contemporaine du soulèvement du **Ténare (19)** ; la majorité préfère celui du **Mont Ararat 20)** parce qu'il détermina le Déluge asiatique ou Biblique.

II. — Période glaciaire. — Pendant une vingtaine de siècles, un certain refroidissement général détermina, sur toute la terre, la Période Glaciaire. Pour expliquer cette multitude de glaciers, il suffit d'admettre un faible refroidissement, une suite d'étés très pluvieux : une différence notable entre les deux saisons extrêmes, été très chaud, hiver très froid, comme dans certains centres de continents, à climat « excessif », dans le genre de Moscou. Nos Vosges eurent trois glaciers ; la Norwège disparaissait sous les glaces. Un glacier de 70 lieues descendait de Suisse jusqu'à Lyon. Un autre couvrait 20 lieues, du cirque de Gavarnie à Tarbes. Le lit des anciens glaciers est moutonné, poli, strié ; et parfois bordé de blocs erratiques. Un granit vert des Alpes est venu à Fourvières. Quand la température redevint normale, la fonte de ces glaces produisit une débâcle formidable et centupla le débit des cours d'eau.

III. — Fossiles. — Tous ces bouleversements ont influé sur la répartition des êtres vivants. Certaines espèces ont été anéanties, soit par les eaux, soit par le froid. Ne pas croire que de pareils cataclysmes aient été fréquents dans les temps géologiques. J'ai toujours insisté sur l'importance des mouvements lents, continus, intéressant de vastes régions, par opposition aux phénomènes brusques, restreints, localisés. D'autres animaux ont émigré, se cantonnant désormais soit à l'extrême Nord, soit dans les régions tropicales. Les carnassiers intelligents s'abritèrent dans des **Cavernes**, où l'on trouve leur squelette, entouré des débris de leurs victimes : *Ours des Cavernes, Hyène des C., Glouton des C., Lion des C..* Un autre document utile au géologue, ce sont les « **Brèches Osseuses** », agglomération d'os et de cailloux roulés, conglomérats cimentés par une pâte argileuse. On divise assez bien ces temps troublés en deux périodes : l'extinction du Mammouth et l'émigration du Renne.

1º **Extinction du Mammouth.** — Ce proboscidien était une sorte d'éléphant velu, orné d'une longue crinière, et de 2 superbes défenses recourbées, s'élevant jusqu'à 2ᵐ 1/2. Il fut anéanti pendant la période Glaciaire Un chasseur a découvert, inctact, le corps d'un mammouth, conservé dans les glaces de la Sibérie, et les chiens ont dévoré cette proie vieille de 60 siècles. *L'ivoire fossile*, un peu verdâtre, représente les défenses de ces animaux. Un rhinocéros a subi le même sort. Aux portes de Lyon, la colline de Sainte-Foy renferme beaucoup de débris de mammouth. C'est pourquoi les plus belles pièces montées, les plus beaux squelettes restaurés, ornent les musées de Lyon et de Saint-Pétersbourg. Le Cerf des tourbières d'Irlande, géant dont les bois dépassaient 3ᵐ, a été aussi anéanti.

2º **Émigration du Renne.** — Abandonnant nos régions tempérées où il avait vécu longtemps, le Renne a émigré, et s'est cantonné définitivement au Nord. Il ne peut pas supporter les chaleurs de l'été à Moscou. Le glouton, le lemming, l'ont imité. D'autres, au contraire, ont quitté l'Europe occidentale pour les chaleurs tropicales : les grands félins, la hyène, l'hippopotame. — L'Amérique fut bouleversée, elle aussi, par des déluges, la période glaciaire et le soulèvement formidable **des Andes** contemporain de celui du **Ténare (19)**. Ses vastes Pampas si fertiles sont un mélange de sablés du Pliocène avec le limon Quartenaire. Comme l'Europe, elle avait le cheval, mais il fut exterminé : il n'en restait aucun lors de la découverte de Christophe Colomb, de sorte que les chevaux modernes des pampas descendent d'animaux importés depuis-

5 siècles. L'Amérique est caractérisée, même encore de nos jours, par des êtres inférieurs, les **Edentés**, privés de dents, au moins sur le devant; à cette époque ils étaient géants. Le Mégathère, rival du Dinothère, avait les lourdes allures des paresseux, et une petite trompe de tapir. Avec ses formidables griffes de devant, il déracinait les arbres dont il mangeait les feuilles, les fruits et l'écorce. Le Mylodon, plus petit, était moins lourd. Le Glyptodon cuirassé était un tatou géant. Le musée de Dijon possède une superbe carapace de Schistopleuron. L'Australie a toujours été le pays des Marsupiaux ; elle l'est encore. Elle possédait alors de grands carnassiers et des herbivores de la taille du bœuf : c'étaient des animaux à bourse.

Remarque. En retranscrivant la Carte Géologique, faites de nombreuses remarques. En voici quelques-unes. Nos plus grandes villes sont bâties sur des terrains récents : Lille, Rouen, Tours, Bordeaux, Toulouse, Marseille. Et tout particulièrement Paris, à la jonction de l'Eocène et du Miocène. Pour examiner le Jurassique il faudrait aller à Bar-sur Seine ou Bar-sur-Aube ; les terrains primaires et les éruptions sont loin de la capitale. Au contraire, Lyon est à la jonction des terrains anciens et du quaternaire; à droite le granit, le gneiss, le calcaire à gryphées, sur de hautes collines ou des montagnes. A gauche, les sables de Trévoux, le tufeau de Sérezin, en pays plat. Non loin, les porphyres de Tarare, la houille de St-Etienne et d'Autun. Pour étudier les formations anciennes, on serait bien placé dans le Var, et au sud des Vosges Remarquez aussi que, malgré l'uniformité où nous conduisent la civilisation et les chemins de fer, on observe encore certains caractères de races, s'expliquant beaucoup par la nature du sol. La ténacité bretonne est un peu granitique ; le relief du terrain n'est pas étranger au caractère des Corses et des Espagnols. Le Piémontais diffère beaucoup du Napolitain. Il est évident que l'action dominante est celle du soleil, l'opposition de la vivacité méridionale au flegme du nord. Les productions du sol influent beaucoup: le tempérament bourguignon contraste avec le caractère flamand. Nous avons établi l'an dernier (Tome III, page 83) que nos animaux domestiques participent à ces influences de la nature du sol. On oppose les **races de plaines**, animaux de grande taille, mais qui réclament des soins (vache hollandaise, cheval normand) aux **races de montagnes**, animaux petits, mais robustes et faciles à élever : cheval de Tarbes, mouton d'Auvergne.

Lecture. —Découverte du premier mammouth dans les glaces de la Sibérie.

XVIe LEÇON

AGES DE L'HUMANITÉ

I. — Le règne de l'Homme est évident au sein du Quaternaire, mais des travaux récents font présumer que nos ancêtres sont nés pendant la période Miocène. Comme ils s'abritaient dans des cavernes, on les nomme 𝕿roglodites. Assurément ils n'avaient pas l'allure élégante qu'amène la civilisation, pas plus d'ailleurs que ne l'ont, aujourd'hui, les Australiens et les Boschimans. Mais on est frappé de leur haute taille, de leur station nettement debout, et de l'ampleur du crâne. Il n'y a pas d'intermédiaire entre le Singe et l'Homme. Pendant longtemps nos pères ne vécurent que de chasse et de pêche; puis ils employèrent encore mieux le zèle du chien : à garder les troupeaux. Vint une époque où ils demandèrent au sol des récoltes régulières, provisions pour la mauvaise saison. Successivement *Chasseur*, *Pasteur*, *Agriculteur*, l'homme s'associa à ses semblables, dans un but de mutuelle protection ; quittant sa caverne, il bâtit des huttes, des villages, des cités lacustres, de grands centres d'activité. Le dressage du cheval fut aussi de première utilité, après le concours du chien.

II. — On a groupé en 5 âges les débuts de l'humanité.

1° L'Age de la Pierre éclatée. Pendant longtemps l'homme n'employa comme armes que des fragments de pierre dure, et surtout des éclats de silex.

2° L'Age de la Pierre taillée. Ce fut un progrès de tailler ce silex, de lui donner des arêtes plus régulières, une pointe plus aiguë. Entre Richelieu et Pressigny on rencontre de nombreux « *ateliers préhistoriques* », accumulation de silex de choix, très durs, dont la forme rappelle celle d'une « motte de beurre ». Leurs entailles, régulières, servaient à aiguiser les pointes fines des lances, des flèches, des couteaux. La hache tranchante et la massue rugueuse étaient emmanchées ingénicusement, souvent avec des tendons d'animaux, ou des lanières découpées dans leurs peaux.

3° L'Age de la Pierre polie dénote un progrès, car en polis sant de fins silex, en arrondissant leurs dentelures, l'homme les transforma en aiguilles et poinçons. Désormais il saura coudre les fourrures, et même fabriquer des étoffes épaisses. Cette période vit naître la meilleure application du feu : les Poteries. Plusieurs peuplades contemporaines ne sont pas arrivées à ce degré de civilisation : elles se passent de poteries. On admire dans certaines cavernes, explorées par les maîtres de cette science (de Perthes, Lartet, Mortillet) mille documents précieux de ces débuts de l'humanité. Dès cette époque se manifeste le sentiment artistique qui suffirait, à lui seul, à caractériser l'homme. Parmi les objets utiles, au milieu des ustensiles et des hameçons, on voit des colliers et des bracelets. Bien mieux, sur un manche de poignard, taillé dans le bois d'un renne, on observe le dessin assez exact d'un renne ; et sur une lame sculptée dans l'ivoire d'un mammouth, le dessin naïf représente un mammouth. Ces cavernes, on les visite dans les Cévennes, les Pyrénées, un peu partout. Impossible de douter de la présence en France du mammouth, du renne, d'autres encore, aujourd'hui disparus ou émigrés. Le fond de la grotte servait pour sépultures.

4° L'Age du Bronze fut une époque de grands progrès. Ce métal est une association de cuivre et d'étain, alliage modérément dur, mais facile à obtenir, à fondre, à couler. Il dut rendre de grands service à l'agriculture naissante. C'était vers la fin du Quaternaire, au début des Temps Modernes. Les déluges européens avaient cessé, les glaces avaient fondu, les fleuves avaient creusé leur lit. Sortis des cavernes, les humains bâtissaient des huttes et se groupaient. Ce fut l'époque Mégalithique des grandes Pierres dressées, parfois en colonnades, pour fixer un rendez-vous, rappeler un événement, honorer la divinité. Le **Dolmen** était couvert d'une table horizontale et servait de sépulture ; les sacrifices humains y furent très rares, exceptionnels, spéciaux à quelques cultes sanguinaires. Le Tumulus est un dolmen surmonté d'une pyramide de terre. Ce fut l'époque, aussi, dans les pays de lacs comme la Savoie, la Suisse, des **Palafittes** ou **cités lacustres**, bois et argile, bâties sur pilotis tout près de la rive. Le soir, on enlevait les ponts, et le village s'endormait rassuré. Certaines tribus d'Indiens vivent encore dans des huttes dressées sur pilotis au sein de l'eau.

5° Age du fer. — Deux siècles avant l'ère Chrétienne, le fer remplaça le bronze pour les applications qui réclament la solidité et la dureté: les armes, les instruments aratoires. Ét l'âge du fer s'est continué jusqu'à notre siècle que l'on peut nommer *l'Age de l'acier*, à cause de la vulgarisation de ce métal (fer associé à 3 o/o de charbon) qui est élastique et plus dur que le fer; une petite lime d'acier coupe une grosse barre de fer. Les chemins de fer, les grandes industries, l'agriculture et l'armée exigent énormément d'acier; cette consommation et celle de la houille sont le criterium du développement industriel d'un peuple.

La civilisation, qui a pour berceau l'Extrême-Orient, Inde et Chine, a souvent changé de centre principal, mais elle n'a guère quitté les régions tempérées. Nos pères ont compris qu'ils avaient tout à gagner à lutter contre les intempéries d'un hiver modéré, en perfectionnant les constructions, les vêtements, les ressources alimentaires. Le contraire s'est produit dans les climats extrêmes. Sous le soleil brûlant de l'Équateur, l'homme a peu de besoins ; il se contente des ressources que lui offre la nature. Sous les neiges polaires, le Lapon et l'Esquimau sont obligés de déployer des merveilles d'ingéniosité pour obtenir, à grand'peine, le strict nécessaire.

III. — Depuis quelques siècles, les lois de la Nature subissent les modifications que l'homme lui commande. Ainsi l'Europe occidentale a importé beaucoup de plantes, et d'animaux, originaires de l'Orient ou de l'Amérique (acacia, pomme de terre; pintade, dindon) ; et elle a exterminé de grands carnassiers, le lion de Macédoine, l'ours des Vosges, le loup d'Angleterre. Elle a créé de nombreuses races parmi les animaux domestiques. De même que chaque pays protège son gibier, par les restrictions qu'il impose aux chasseurs; de même les pays civilisés se sont entendus, pour réglementer la pêche de la baleine et des phoques et il était grand temps. Il serait fâcheux qu'on laissât exterminer l'éléphant d'Afrique, ainsi que les 4 singes supérieurs, tout comme ont été anéantis le grand pingouin et le grand rhytine. Que le besoin de détruire se satisfasse sur les serpents venimeux et les tigres de l'Inde. Les Czars ont pris sous leur protection les derniers aurochs (bisons européens) qui paraissent être les ancêtres immédiats de nos races domestiques, avec le bœuf germanique (𝔟𝔬𝔰 𝔲𝔯𝔲𝔰) qui s'est éteint récemment. A titre de curiosité scientifique on signale la disparition de 2 échassiers atteignant 3 et 4 mètres : l'Epiornys de Madagascar ; et le Dinornis, ou Moa, exterminé par les indigènes de la Nouvelle-Zélande à la suite de luttes prolongées, homériques. L'île Maurice portait une sorte de gros dindon, très lourd, qui fut immolé : le Dronte.

Mais c'est surtout dans le domaine géologique que l'intervention de l'homme va se faire utilement sentir : digues contre les flots de la mer et des rivières ; embouchure des fleuves régulièrement dégagée ; utilisation réglée du limon (colmatage) ; reboisement des montagnes au pied desquelles les torrents dévastent la campagne ; plantations contre l'envahissement des dunes, et la chute des avalanches ; barrages et réservoirs pour capter les eaux ; aqueducs et siphons pour amener abondamment dans les cités l'eau pure des sources ; plantation de boulevards et de squares. Voilà qui a été commencé par le XIXᵉ siècle ; ce sera l'œuvre du XXᵉ : améliorer le présent, et préparer l'avenir.

II

COURS DE BOTANIQUE

Ire LEÇON

LES QUATRE GRANDES DIVISIONS

I. — Les Plantes. — La Botanique est l'étude des plantes, l'examen du Règne Végétal ; on dit moins volontiers **Phytologie** : *Botané* ou *Phuton*, Végétal. La Plante est un être **vivant**, **organisé**, qui naît d'une graine, se nourrit, atteint sa maturité, produit des graines, décline et meurt. Cette vie, dite **végétative** ou **de nutrition**, est commune aux deux sortes d'êtres vivants, animaux et végétaux. Mais une profonde différence sépare les deux Règnes. La plante n'est pas sensible ; elle n'exécute pas de mouvements volontaires, — tandis que l'animal est caractérisé, précisément, par la sensibilité et la volonté. On ne trouve donc que chez l'animal les organes de la vie **de relation**, des nerfs, des muscles, des os qui lui permettent de chercher ses aliments et de fuir ses ennemis. La plante en est privée : immobile et insensible, elle attend que l'eau et l'air lui apportent sa nourriture.

II. — Leur Vie. — Ainsi le végétal est doué de la vie de nutrition ; il possède les organes nécessaires pour remplir les fonctions de cette existence « végétative ». Ses **racines** puisent dans le sol, et ses **feuilles** dans l'atmosphère de quoi former la Sève, que l'on compare au sang des animaux. La plante n'absorbe que les matières solubles, et celle qu'elle peut dissoudre par une sorte de digestion. Ses **vaisseaux**, et ses tissus mous, se prêtent à la circulation de la sève et des Gaz. Ses **Glandes** sécrètent le nectar mielleux et les Essences parfumées. Toutes ses régions molles **respirent** ; comme l'animal elles absorbent de l'oxygène, et rejettent, en échange, du gaz Carbonique, CO^2 (et de la Vapeur d'eau) : les Feuilles font l'inverse pendant le jour.

Le but final de l'activité végétative consiste à assurer la perpétuité des plantes : cette fonction s'opère par les **fleurs**, qui viennent couronner le végétal d'un diadème brillant et parfumé ; mais ni l'éclat, ni l'odeur ne sont indispensables, comme on le remarque chez les grands arbres de nos forêts, et sur les céréales de nos moissons.

III. — Les Fleurs. — La fleur sert à reproduire le végétal. Sur un Pédoncule s'épanouit le Plateau, parfois bordé de petites feuilles écailleuses, les Bractées, ou de glandes mielleuses à nectar, les Nectaires. Les 4 Cercles (ou Verticilles) d'organes d'une *fleur complète* sont : **1º Le Calice** protecteur, formé de **Sépales** verts. **2º La Corolle**, protectrice, formée de **Pétales** colorés. **3º Les Étamines** ; leur filet supporte *l'anthère* qui contient le POLLEN fécondant. **4º Le Pistil**, au centre, ressemble à une bouteille. Son Ovaire, renflé, loge les futures graines, nommées Ovules ou Œufs végétaux. Il est surmonté d'un Style en goulot, et d'un Stigmate dont la viscosité retiendra les grains jaunes de pollen. Grâce au concours du pollen, les Ovules deviennent des GRAINES (il s'y forme le **Germe** d'un nouveau végétal), et, pour les abriter, l'ovaire se transforme en FRUIT. Bref: le fruit et un ovaire qui a mûri ; la graine est un ovule fécondé.

Les plantes **annuelles** meurent dès que leurs graines sont mûres (blé). Les **bisannuelles** ne fleurissent que la 2ᵉ année, après avoir accumulé, pendant la 1ʳᵉ, les provisions nécessaires à cette floraison (betterave). Les végétaux **vivaces** vivent plus de deux ans, ils fructifient plusieurs fois, mais pas au début de leur existence. On les compare aux animaux hibernants, parce qu'ils dorment en hiver d'un sommeil presque absolu. Sous les tropiques la végétation paraît continue, et cependant chaque plante a besoin d'une certaine période de repos que l'on respecte dans nos serres.

IV. — UTILITÉ DES VÉGÉTAUX. — Les plantes sont indispensables au Règne animal et très utiles à l'Homme. 1º Par une harmonie que l'on ne saurait trop admirer, les plantes préparent la nourriture des animaux et elles purifient l'atmosphère qu'ils respirent. Avec des éléments minéraux dont l'animal ne pourrait tirer aucun parti, l'eau, le gaz CO^2, et quelques sels, le végétal organise les *cellules* de ses tissus, et les remplit de **provisions** nutritives telles que l'amidon, la fécule, le sucre, l'huile, le gluten du pain. Ces **réserves** que la plante devait utiliser nourrissent l'animal Herbivore (qui ne peut vivre d'éléments minéraux) et celui-ci sert de proie au Carnassier qui ne peut digérer les aliments végétaux. Ainsi la disparition des plantes dans une île serait immédiatement suivie de celle des herbivores et, à bref délai, de celle des carnassiers.

2º Les végétaux assainissent notre globe. Leurs Racines puisent dans le sol les résidus de la décomposition animale, détritus dont l'accumulation déterminerait des épidémies et la peste. Leurs **Feuilles** et les autres organes verts, que colore la **Chlorophylle**, décomposent le gaz carbonique de l'air pendant le jour, grâce au concours du soleil : $CO^2 = O^2 + C$. Les feuilles rejettent l'oxygène, d'autant plus vivifiant qu'il est alors électrisé (**Ozone**) et elles conservent le charbon, qui s'unit à l'eau des tissus, pour former du Sucre et de l'Amidon. Cette nutrition des feuilles est doublement utile aux animaux, dont la respiration réclame l'oxygène bienfaisant, et redoute le gaz CO^2 asphyxiant. Qui ne connaît le bon effet de l'atmosphère ozonisée des jardins, des parcs, des forêts? Les aquariums réussissent bien mieux depuis qu'on y place des plantes aquatiques, dans l'intérêt des poissons.

3º. Quant aux services rendus plus spécialement à l'Homme par les végétaux, ils sont très nombreux et de tout premier ordre. Les plantes nous donnent une partie de nos **Aliments** (pain, légumes, fruits, graines, huiles, sucre, champignons, assaisonnements), et presque toutes nos **Boissons** : vin, bière, cidre, café , thé. Une partie de nos **Vêtements** : coton, lin, chanvre. Les **Bois** de construction ; des Huiles pour éclairage, savon, peinture ; des Couleurs ; des Résines ; de nombreux **Remèdes**.

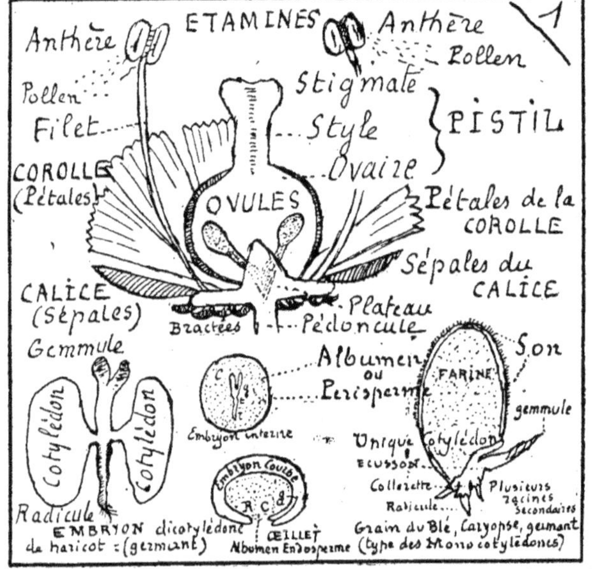

des. C'est enfin la végétation qui nous fournit la nourriture du Bétail et de la Basse-cour : foin, trèfle et luzerne, grains et légumes.

V. Graines. — Une graine renferme un nouveau végétal en miniature, accompagné des provisions qui serviront à ses débuts dans la vie. Cette **Plantule** montre une *Radicule*, ou future racine, assez nette ; une *Tigelle*, future tige, surmontée d'une *Gemmule*, verdâtre, qui se gonflera de chlorophylle pour former les premières feuilles. Quant aux **Provisions** de nourriture, elles remplissent, le plus souvent, 2 sacs soudés à la plantule, les **2 Cotylédons** *. On nomme Embryon l'ensemble de la plantule et des cotylédons. Les plantes Dicotylédones ont pour type le haricot, l'amandier. Parfois l'embryon ne possède qu'un seul sac nourricier, et le végétal est dit 𝔐onocotylédone : tels sont le blé, la tulipe, le palmier.

Dans les deux cas, une 2ᵉ **provision** peut venir en aide à la première : elle est nécessaire au blé, qui n'a qu'un petit cotylédon, tandis que les 2 gros cotylédons du haricot sont bien suffisants pour développer la plantule, jusqu'à ce qu'elle soit assez grande pour se nourrir toute seule. Cette 2ᵉ provision est l'**Albumen** : que l'on compare au Blanc de l'œuf entourant le *Germe* et le Jaune. D'ordinaire l'albumen est autour de l'embryon : il est dit **Périsperme**. Et s'il est entouré par lui, comme dans la graine de l'œillet, on le surnomme Endosperme. En dessinant les 2 graines qui servent de type, vous remarquez que ce sont les 2 cotylédons * du haricot que nous mangeons, et que c'est l'albumen du blé qui nous donne la farine et, par suite, le pain.

VI. — Les 4 Divisions fondamentales. — Vers 1736, **Linné** divisa les végétaux en 𝔓hanérogames, qui possèdent des fleurs, à pistils et à étamines, et en 𝔒ryptogames qui en sont dépourvus. Peu de temps après **Bernard de Jussieu** observa que, chez les premiers seulement, la graine renferme des cotylédons, et il remarqua que la plupart des caractères essentiels du végétal dépendent du nombre des sacs nourriciers, ce qui l'amena à partager les Phanérogames en Dicotylédones et Monocotylédones. Vers 1840 **Brongniart** relégua à part les 𝔊ymnospermes, aux ovules nus, dépourvus d'ovaire et, par suite, de fruit. Entre autres particularités, ils ont parfois plusieurs cotylédons. En conséquence on distingue QUATRE GRANDES DIVISIONS :

1º **Les Dicotylédones**, dont l'embryon possède 2 cotylédons. Tels sont les grands arbres de nos forêts et de nos vergers, chêne et pommier. Les fleurs ont un calice vert, et la symétrie de leurs organes est le plus souvent *quinaire*, 5, ou, sinon, *quaternaire*, 4, comme chez le fuchsia. 2º **Les Monocotylédones** dont l'embryon ne contient qu'un seul cotylédon, presque toujours secondé par de l'Albumen. Tels sont beaucoup d'arbres des tropiques, Palmier, Dragonnier ; puis nos *Céréales*, blé, orge ; des plantes à bulbes, Oignon, tulipe. Les fleurs ont un calice coloré, semblable à la corolle, et la symétrie de leurs 4 verticilles (ou cercles d'organes) est ternaire, 3, comme chez l'Iris, le lys. 3º **Les Gymnospermes** à ovules nus, sans ovaires : ils n'ont donc pas de fruits. Les graines sont abritées, plus ou moins, à la base de bractées écailleuses, groupées en Cône chez les *Conifères*. Plusieurs embryons sont pluricotylédones. Ce sont les arbres résineux, « Verts », aux feuilles sombres, dures, persistantes : Pin, Cèdre, Cyprès, et les *Cycadées*. Leurs fleurs ont 2 caractères qui les rapprochent des arbres de nos forêts : elles sont privées de corolle et, le plus souvent, les unes ne possèdent que des Étamines, les autres ne possèdent que des Pistils. 4° **Les Cryptogames** ou **Acotylédones** (A, privatif) n'ont pas de véritables fleurs à pistils et étamines, mais ils possèdent des organes de reproduction, peu connus du temps de Linné, bien étudiés depuis 40 ans. Leur semence ne contient pas d'embryon, pas de cotylédon. Ce sont les Fougères, les Prêles, les Mousses, les Champignons, les Algues. Le cours de géologie nous a montré les apparitions successives de ces végétaux : Cryptogames dès le *Cambrien*, Gymnospermes dans le *Houiller*, Monocotylédones dans le *Jurassique*, Dicotylédones dans le *Crétacé*. Donnez un coup d'œil à la planche XIII et au tableau placé en regard.

Lectures. — Quelques poètes ont chanté le règne végétal . *Castel*, dans son Poème des Plantes; *Delille*, dans ses Trois Règnes de la Nature. Certains passages ne doivent pas tomber dans l'oubli.

> Admirez par quel art le germe nouveau-né,
> Dans son propre aliment, végète emprisonné ;
> Comment, à ses côtés, deux feuilles protectrices ✷
> De l'abrisseau naissant défendant les prémices
> Allaitent d'un doux suc le jeune nourrisson;
> Comment il développe, en brisant sa prison,
> La feuille, d'un côté ; de l'autre, sa racine.

(Delille.)

IIe LEÇON

TISSUS ET PRINCIPES VÉGÉTAUX

I. — Tissu cellulaire. — La Trame des tissus végétaux est formée de **Cellules** et de leurs dérivés, les Fibres et les Vaisseaux. Les régions tendres telles que la moelle, la feuille, les fruits charnus se composent principalement ou uniquement de cellules ; les régions dures telles que le bois, l'intérieur de l'écorce, les nervures des feuilles résultent d'un assemblage de fibres et de vaisseaux.

Le **Parenchyme cellulaire** est le tissu fondamental, primitif, qui domine dans les plantes jeunes, et chez celles qui demeurent herbacées. Il est formé de cellules, petits sacs sphériques, ou polyèdriques, selon qu'ils sont plus ou moins pressés ; rectangulaires dans les épidermes, étoilés chez les joncs. Leur enveloppe est faite de **Cellulose**, $C^{12} H^{10} O^{10}$, association de *charbon* C^{12} et d'*eau* $H^{10} O^{10}$; elle présente des *amincissements réguliers*, qui permettent les échanges de la sève avec leur contenu. Il en résulte que la cellule paraît *ponctuée, rayée, réticulée, annelée, spiralée*, suivant la disposition de ces amincissements.

Le contenu des Cellules est d'abord une gelée granuleuse, le **Plasma**, de composition albumineuse, difficile à préciser, caractérisée par la présence de l'*Azote*, du *Soufre* et du *Phosphate de Chaux*. Le Plasma est la partie essentiellement vivante ; comme le sarcode des animaux inférieurs, il absorbe, il réagit, il se reproduit. C'est par son intermédiaire que la sève remplit les cellules, suivant leur position dans le végétal, soit de principes **consolidants** (sclérogène, silice), soit de provisions **nutritives** (amidon, gluten), soit de dépôts cristallins (concrétions de carbonate de chaux, aiguilles d'oxalate de chaux). La moelle du sureau, les plantes grasses, les champignons sont formés de Parenchyme cellulaire. Dans le **limbe** des feuilles, les grains de plasma sont colorés en vert par la **chlorophylle** qui exige, pour se former, le concours du soleil et du fer : c'est elle qui réduit le gaz CO^2, afin de former de l'amidon et du sucre, tout en purifiant l'atmosphère.

II. — Ligneux. — Le deuxième tissu est le **Ligneux** qui forme le bois (*Lignis*) le dedans de l'écorce, les nervures des feuilles; bref les régions dures. On le surnomme **Fibro-Vasculaire** parce que c'est une association de Fibres et de Vaisseaux, sortes de cellules modifiées, allongées, qui s'incrustent peu à peu de matières consolidantes, Sclérogènes et autres celluloses. Les Fibres ou cellules allongées, sont de deux sortes : les **Clostres**, amincies en fuseau ; et les Fibres **Conductrices**, cylindriques, terminées obliquement en biseau. Tant qu'elles sont jeunes, tendres, elles conduisent bien la Sève.

Les Vaisseaux sont formés par des séries parallèles de cellules, dont les cloisons séparatrices ont disparu, parfois incomplètement. Ils servent, eux aussi, à la circulation de la Sève, et tout spécialement à celle des **Gaz** : air pur, air modifié, gaz CO^2, etc., jusqu'a ce que leur plasma ait fait place aux sclérogènes incrustantes. Puisque ce sont des cellules modifiées, ils apparaissent *ponctués*, *rayés, réticulés, annelés, spiralés.* Les premiers formés, les Vaisseaux **Primitifs** persistent autour de la moëlle, ce qui caractérise l'étui médullaire ; ils sont tendus par une ou plusieurs hélices déroulables : on les surnomme **Vraies Trachées**. Leur structure et leur fonction principale, rappellent celles des tubes respiratoires des Insectes. Ces vaisseaux se modifient, dans le bois, en **Fausses Trachées**, soit tubes Spiralés et Annelés dont la position est centrale, et le calibre mince ; soit vaisseaux Rayés et Ponctués plus gros et plus externes. Les derniers formés concou-

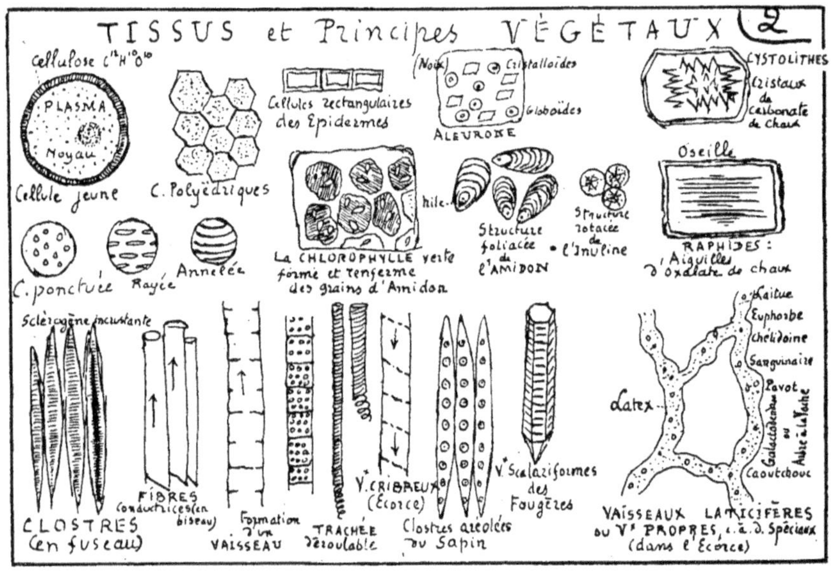

rent, avec les fibres Conductrices, à l'ascension de la *Sève printanière*, à travers les dernières couches de bois jeune, ou **Aubier**. Cette sève aqueuse se modifie de plus en plus en s'élevant jusqu'aux feuilles ; elle fait des échanges avec le contenu des régions qu'elle traverse ; une élaboration compliquée la rend de plus en plus épaisse et nutritive. Elle forme, alors, la **zône Génératrice** ou **Cambium** qui produit, chaque année, une nouvelle couche de bois, et une nouvelle couche d'écorce.

En outre, une portion de cette sève nourricière redescend à travers l'écorce (pour nourrir les racines) par des vaisseaux **Cribreux**, dont les cellules ont conservé leurs cloisons séparatrices obliques, mais *criblées de trous, grillagées, treillisées, en tamis.* L'écorce de quelques végétaux renferme aussi des **Vaisseaux Laticifères** flexueux, renflés, communiquants, qui servent à la circulation du **Latex** ou **Suc propre**, réserve nutritive destinée spécialement aux fleurs. On compare volontiers le latex à la lymphe et, plus exactement, les Laticifères aux lymphatiques. Au sein du liquide, sécrété par les parois mêmes, sont suspendus des globules gras, résineux, féculents. Le plus souvent, le latex est blanc laiteux comme l'indique son nom (Ex. : euphorbe), mais il est jaune dans la chélidoine, orangé dans l'artichaut, rouge de sang chez la sanguinaire. On cite les latex *vénéneux* des euphorbes tropicales et de l'upas-antiar, le *lait exquis* de l'Arbre à la Vache, le *Thridace* de la laitue employé pour savons, l'*Opium* concretionné du pavot, le *Caoutchouc* du figuier élastique ; la Gutta-percha, la Gomme-gutte. Le latex du Papayer renferme une pepsine analogue à celle du suc gastrique : elle est utilisée par le pharmacien pour venir en aide aux estomacs fatigués.

Les **Gymnospermes** sont dépourvus de vaisseaux. La circulation de la sève et des térébenthines est facilitée par de longues **clostres aréolées**, présentant de nombreux renflements, en verre de montre, avec des perforations centrales qui communiquent étant placées 2 à 2 en regard. A partir d'un certain âge tous les vaisseaux des **Fougères** sont Scalariformes, figurant un prisme hexagonal (à échelons) coiffé d'une pyramide, comme le cristal de roche.

III. — Principes végétaux. — Il y en a 4 fondamentaux : le **Plasma**, la **Chlorophylle**, les **Celluloses** et les **Sclérogènes**. Viennent en seconde ligne, les Provisions utiles dont l'homme et les animaux tirent un si grand parti. Ordinairement ces principes sont accumulés auprès des Germes nouveaux dans les fruits, les graines, les tubercules : ou bien ils sont mis en réserve pour l'avenir au sein des racines, des tiges souterraines ou rhizômes, et des écorces : dans les feuilles des salades et du chou. Les Principes **azotés ou albumineux** sont les plus **réparateurs** pour l'animal dont les tissus sont azotés : **gluten** du pain, **légumine** des légumes. L'**aleurone** des graines huileuses (amande, noix) consiste en concrétions de Plasma, contenant des « Cristalloïdes » réguliers et des « Globoïdes » phosphatés.

Les principes **calorifiques** sont les **corps gras**, huile, beurre végétal, cire ; et les **féculents** ou **amlyacés** auxquels on rattache les *sucres, les alcools, les gommes*. Les grains d'**amidon** (blé, riz) sont plus fins que ceux de **fécule** (haricot, pomme de terre) : ils ont tous la structure foliacée de l'oignon, à couches concentriques, autour d'un hile central. On donne une mention spéciale au tapioca du manioc, au sagou, au salep, à l'arrow-root, fécules ou amylacés de luxe, — ainsi qu'à l'**inuline**, à structure radiée, du topinambour, du dahlia, de l'aulnée (*Inula*). La liste est longue des **acides végétaux** : Tannique de l'écorce du chêne, Oxalique de l'oseille, Citrique du citron, Tartrique du vin. Longue aussi la liste des **alcaloïdes** : Caféine du café, Quinine du quinquina, Morphine du pavot, Nicotine du tabac. Beaucoup d'Essences, de Résines, de Couleurs ; telles que l'Alizarine rouge, extraite des racines de la garance ; l'Indigo des feuilles de l'indigotier et du pastel ; le Tournesol bleu et l'Orseille rouge de certains Lichens ; une couleur orangée des stigmates du Safran.

Parmi les PRINCIPES MINÉRAUX, la **potasse** domine dans les végétaux terrestres (on la retire de leurs cendres) et la **soude** domine dans les plantes marines, puisque le sel marin, NaCl, est une association de soude et de chlore. Ces mêmes plantes fournissent l'*Iode*, le *Brôme*. La **Chaux** et la **Magnésie** sont très répandues : leurs sels forment parfois des cristaux : *Cystolithes calcaires*, en lustre ; *Raphides d'oxalate*, en aiguilles (oseille). La **Silice** communique sa dureté à beaucoup de plantes : elle rend l'herbe coupante, les pailles résistantes, le bambou tenace, le prêle capable de polir, les diatomées aussi (tripoli) Les cendres des végétaux renferment encore d'autres substances qui dépendent de la nature du terrain ce qui prouve que la racine peut assez bien choisir. Mais, ce qui domine dans la plante, et surtout dans le bois un peu âgé, ce sont, les celluloses $C^{12}H^{10}O^{10}$, association d'eau (^{10}HO) et de charbon C^{12}. On dit volontiers que les végétaux sont surtout formés de carbone et d'eau. On carbonise le bois en lui enlevant son eau de constitution par la chaleur. Si l'on plonge une allumette dans une substance avide d'eau (comme l'acide sulfurique) on la voit noircir immédiatement, Les trois corps simples essentiels sont donc l'Oxygène * l'Hydrogène **, le Carbone, ainsi que l'a noté *Castel* dans son intéressant *Poème des Plantes* ; il dit, parlant des tissus végétaux, et traduisant le sens littéral des deux premiers corps :

> Trois éléments, surtout, composent leur nature :
> L'un père de l'acide *, et l'autre de l'eau pure ** ;
> Enfin le noir charbon.

* Oxygène signifie « qui produit les acides », parce que l'on croyait que tous les acides étaient formés avec le concours de l'oxygène.

** Hydrogène signifie « qui engendre l'eau » Üdôr Gennaô, parce que l'hydrogène en s'unissant à l'oxygène forme l'eau.

IIIᵉ LEÇON

LA RACINE

I. — Ses fonctions. — La Racine est la partie descendante, souterraine des végétaux. Elle provient de la Radicule de l'embryon qui fuit la lumière, par opposition à la tigelle qui s'élève vers le soleil. Elle a au moins 5 fonctions utiles : 1º Elle fixe la plante au sol; 2º Elle absorbe l'Eau et les principes *solubles* du terreau; 3º Elle est le siège d'une active respiration, que favorisent le labourage et l'emploi de la bêche. Dans un sol aéré, elle absorbe de l'oxygène et rejette du gaz CO^2. 4º La racine sécrète souvent des *Sucs acides*, qui viennent en aide à ce gaz CO^2, pour rendre solubles et, par suite, absorbables, des sels précieux qui auraient été perdus : phosphates, silicates, carbonates. Les extrémités acides de certaines racines corrodent le marbre, elles pénètrent dans un escalier. 5º La racine emmagasine parfois des *Provisions* destinées à l'épanouissement de la plante, soit l'année même (radis), soit l'année suivante (betterave. A mesure que les parties aériennes d'un radis se développent, sa racine se creuse et cesse d'être mangeable. La Racine s'allonge, sans beaucoup grossir, grâce au travail incessant de cellules dites **initiales**. Organe de première importance, elle ne porte pas de bourgeons et, par suite, ni feuilles, ni fleurs.

II. — Ses radicelles. — Une racine est couverte de filaments grêles, alignés symétriquement, les **radicelles**, dont l'ensemble constitue le **chevelu**; 5 rangées de radicelles sur le tabac, 4 sur la carotte, 2 sur le radis et le chou. Les dernières cellules, très molles, sont dites **spongioles**; elles constituent le cône d'activité vitale pour l'allongement et la nutrition. Leur extrémité même est impropre à l'absorption de l'eau et des principes solubles, car elle est protégée par une **coiffe** cornée, un dé épidermique, contre les aspérités du sol et l'appétit des insectes (la coiffe de la Lentille d'eau est énorme). La nutrition s'opère au-dessus de cette coiffe, par les **Poils Radiculaires** disposés régulièrement, sur plusieurs cercles ou verticilles. C'est là que commence la Sève, d'abord très aqueuse. Comme le Chevelu s'étend, à la fois, en largeur et en profondeur, on doit arroser un arbre à quelque distance du pied, et abondamment, dans un petit bassin ou cuvette. Si l'eau ne descend pas, et ne se répand pas jusqu'aux Radicelles, le végétal dépérit et meurt. Il existe à ce sujet une expérience classique (difficile à réaliser), au moyen d'une cuve vitrée, divisée en 2 étages par une cloison horizontale. Les radicelles peuvent choisir, jusqu'à un certain degré, les aliments qui conviennent le mieux au végétal; quelques racines vont très loin, à travers ou par dessous les murs, chercher la couche de terrain qui les nourrira le mieux. Les *Salsola* des plages sont riches en Soude (que l'industrie extrait) et celles des roches granitiques en Potasse. Mais cette **faculté élective** est limitée. Une racine absorbe les poisons où on la plonge, par exemple le sublimé corrosif ou chlorure de mercure, $HgCl$, ce qui facilite la préparation des herbiers.

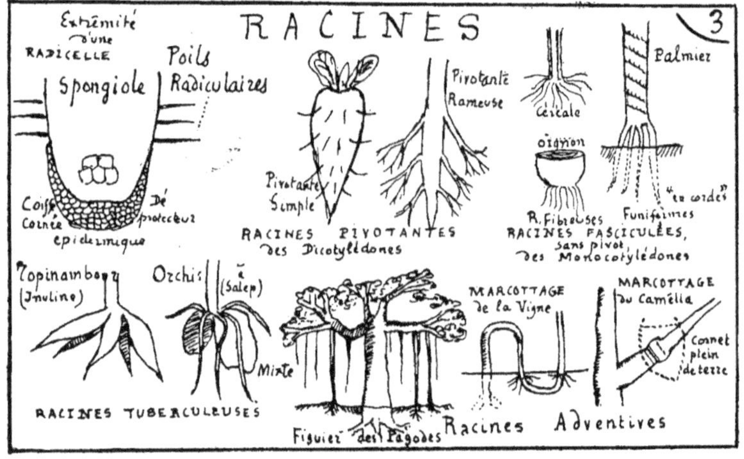

III. — SES FORMES. — Les Dicotylédones ont de profondes racines, dites PIVOTANTES, parce que l'axe principal, nommé **pivot** ou Souche, continue de grandir. La racine est pivotante **simple** lorsque le pivot ne porte pas d'axes secondaires, mais de simples radicelles, régulièrement alignées en verticilles : carotte, betterave. Elle est pivotante **rameuse**, lorsque le pivot porte des ramifications secondaires, tertiaires, comme le fait le tronc de l'arbre ; c'est le cas de nos grands végétaux dicotylédones, des arbres de nos forêts et de nos vergers : chêne, orme, poirier, cerisier. 2° La plupart des Monocotylédones ont des racines peu profondes, dites FASCICULÉES, caractérisées par l'arrêt précoce de l'axe primaire, qu'entoure et que remplace un faisceau de racines secondaires égales. La racine est mince ou **fibreuse** sur l'oignon et les céréales ; elle ressemble à un paquet de cordes, chez le palmier afin qu'il se

cramponne aux sables du désert. Cette disposition dite « *Funiforme* », est assez facile à constater dans nos serres, à la base du
tronc des palmiers, parce que le sommet des racines est d'ordinaire mis à nu.

Pivotantes ou fasciculées, on nomme TUBERCULEUSES les racines
qui se gonflent de provisions : topinambour, dahlia ; — *asphodèle*,
que les anciens plantaient sur les tombes. Les *mixtes*, à la fois
fibreuses et tuberculeuses, ont pour type l'Orchis qui donne, en
Asie, une fécule fine, le salep. Se garder de placer ici la Pomme
de terre ; en voyant ce tubercule couvert de *bourgeons* (*yeux*) on
comprend qu'il ne dépend pas d'une racine, mais d'une tige souterraine et de ses rameaux. Certaines racines s'enfoncent peu (céréales), d'autres beaucoup (légumineuses) ; on en tient compte dans
les cultures simultanées ou successives, afin de tirer tout le parti
possible des profondeurs d'un champ : **Assolements**. Tandis
que la Rose de Jéricho et la Manne du Désert perdent leurs racines, et s'envolent au gré des vents pour refleurir plus loin ; le Bu-
grane est surnommé « arrête-bœuf » car il entrave la charrue,
et la vigne descend à 15 mètres. La structure intime de la racine
ne diffère de celle de la tige que par des points secondaires. Palmiers et sapins ont une racine médiocre relativement aux dimensions de leurs tiges élancées. Les Cryptogames supérieurs ont des
racines ; les mousses n'ont que des radicelles.

IV.— EXCEPTIONS. — Les végétaux **Parasites** enfoncent leurs racines en Suçoirs à travers l'écorce de leur support, aux dépens
duquel ils vivent. Tels sont le *Gui* qui préfère les arbres fruitiers
et les vieux chênes ; la Cuscute, fléau de l'agriculture : l'*Orobanche*
qui détruit le chanvre ; le *Mélampyre* qui s'attaque aux moissons ;
le *Rafflésia* dont la fleur a plus d'un mètre de diamètre. Le Lierre,
la Vigne-vierge, le Jasmin de Virginie s'attachent par leurs crampons et étouffent leurs supports faibles. On nomme **épiphytes** (Épi,
sur, phuton, plante) ceux qui ne demandent qu'un appui, mais non la
nourriture : commensaux et non parasites. Tels sont les *Lianes*,
les *Orchidées*, les *Aroïdées*, qui absorbent parfois, pour toute
nourriture, la rosée et les poussières, à travers leurs racines Aériennes, flottantes, adventives.

V. — RACINES ADVENTIVES. — On nomme « adventif » tout organe anormal, supplémentaire, irrégulièrement placé. Les racines
Adventives sont des suppléments qui proviennent de la tige, des
rameaux ; ou, plus rarement, des bourgeons et des fruits. Ces auxi-

liaires sont indispensables lorsque les rameaux s'écartent beaucoup
du tronc ; sans eux la nutrition des extrémités serait impossible
Examinez dans une serre les racines Aériennes émises par les
rameaux d'un long pied de *Vanille* ; elles descendent vers le sol
elles s'enterrent, et développent un chevelu d'absorption. Vous re-
connaîtrez le *Pandanus* à ce que sa tige, dont la portion inférieure
se détruit, est soutenue en escabeau par de fortes racines adventives. Les fougères arborescentes en ont beaucoup. Le *Figuier indien des Pagodes* abrite une caravane à l'ombre de ses piliers adventifs ; celui qu'on vénère à Narbuddah en possède 350 très gros
et 3.000 petits. La production de ces auxiliaires est favorisée par
le contact de la terre, et par les afflux de sève que détermine n
les ligatures et les blessures *.

Bouturer, c'est planter un jeune rameau capable de produire
vite l'indispensable chevelu adventif ; on réussit bien avec
les bois blancs, peu compacts : saule, peuplier, orme
Marcotter, c'est produire des racines adventives pour multiplier
les plantes utiles ou belles, soit en couchant leur tige contre la
terre (œillet), ou en les enterrant dans le sol (vigne), soit en élevant de la terre, à l'aide d'un cornet, autour de la branche que l'on
a *liée fortement, puis blessée*, pour accumuler la sève descendante
qui forme un bourrelet.* Lorsque le chevelu adventif est bien formé
on coupe peu à peu, on sépare très lentement les 2 régions, la
plante-mère et la plante-fille. Beaucoup de végétaux rampants se
marcottent d'eux-mêmes : fraisier, violette, véronique. Buttage du
maïs, couchage du blé. On fait produire des racines adventives
aux feuilles hachées de l'oranger et du bégonia, ainsi qu'aux fruits
de plusieurs cactus.

VI. — UTILITÉS. — 1º Toutes les racines des beaux arbres sont
recherchées par l'Ébénisterie, à cause de l'entrelacement des fibres
qui détermine des dessins, réguliers ou bizarres : menuiserie,
chauffage, etc. 2º **Racines comestibles** les plus connues : carotte, panais, céleri, raifort, radis, navet, turneps, *betterave*, salsifis, scorsonère, carde. Pivot de la patate, tubercules du topinambour (à inuline), du manioc (à tapioca), de l'orchis (à salep), de
l'asphodèle. 3º **Médicinales** : réglisse, guimauve, chicorée, chiendent, rhubarbe, jalap. 4º **Couleurs** : les racines de la Garance fournissent un principe rouge, l'*Alizarine*; celles de la Gaude, une couleur jaune.

Note. — A la fin de votre cahier, commencez sur 2 pages un
Tableau des principales utilités; au moins, 7 colonnes : Comes-

tibles, Oléagineuses, Médicinales, Couleurs, Constructions, Textiles et Divers Le mettre au courant à chaque leçon ; et tirer un trait horizontal pour séparer les uns des autres : Racines, Tiges, Feuilles, Fruits, Graines : ce que l'on nomme un tableau à double entrée.

IVᵉ LEÇON

LA TIGE

I. — GÉNÉRALITÉS. — La Tige, partie ascendante du végétal, provient de la Tigelle de l'embryon, avide de lumière. Ce n'est pas un organe essentiel de nutrition ; c'est le support des *bourgeons*, d'où naissent les rameaux, les feuilles et les fleurs. Elle est formée de tissu ligneux, fibro-vasculaire : les **Fibres** dures lui donnent la solidité nécessaire à un support ; et des **Vaisseaux** nombreux se prêtent à la circulation de la sève et des gaz.

Puisque la tige n'est pas essentielle, on comprend qu'elle soit très courte ou nulle dans les plantes **acaules**. Elle est **herbacée** chez les végétaux qui ne fructifient qu'une seule fois ; — **charnue**, gonflée de sucs, dans les cactus et autres plantes grasses ; — **fistuleuse** ou creuse chez le roseau : — **noueuse** avec cloisons résistantes dans les chaumes, ou pailles, et les bambous. La tige est **articulée**, avec rétrécissements faciles à rompre, chez l'œillet ; — **sarmenteuse** et **grimpante** dans le cep de vigne, le chèvrefeuille, les lianes, les rotangs qui atteignent 300ᵐ. Elle est **volubile** chez le houblon et le liseron : avec Vrilles chez le pois, Crampons pour le lierre, Ventouses chez la cuscute. Elle est **rampante**, avec bourgeons allongés en Coulants, chez le fraisier.

Enfin, la tige est SOUTERRAINE : avec Tubercules, garnis de bourgeons (yeux) dans la pomme de terre et l'igname ; avec bourgeons élancés chez le framboisier. Et elle se détruit, à mesure qu'elle s'allonge dans les **Rhizômes** de l'iris et du Sceau de Salomon ; les cicatrices révèlent l'emplacement des derniers bourgeons, ce qui permet de dire l'âge du rhizôme. Les monocotylédones ont souvent des rhizômes, ainsi que des **Bulbes**, végétaux en miniature, bourgeons mobiles, très commodes pour la multiplication des belles plantes : c'est l'oignon du lys, de la tulipe. On mange les bulbes de l'oignon, de l'ail, du poireau.

II. — ASPECT. — Tandis que l'*Arbuste*, ramifié dès sa base, s'allonge peu (lilas, noisetier), l'**Arbre dicotylédone** consiste en un tronc conique, plus dur en son centre, le cœur, que sur le pourtour, aubier. La multiplicité des bourgeons subdivise ce tronc en branches et rameaux, dont l'ensemble grandit et grossit tout à la fois. Au contraire, les **Stipes** cylindriques, écailleux, des **Monocotylédones** et des **Fougères** tropicales * ne se ramifient pas, ne grossissent guère, mais durcissent sur le pourtour, et dressent de plus en plus haut leur couronne de larges palmes ou de « frondes* » finement découpées. Ils ne possèdent donc qu'un seul bourgeon terminal et ils meurent quand on enlève ce bourgeon (chou-palmiste).

La disposition des branches et du feuillage donne à chaque espèce un *Port* spécial ; la variété de l'ensemble de nos forêts possède un charme auquel est sensible le voyageur qui revient du Mexique ou d'Afrique. Cette disposition fait trouver le chêne majestueux, le peuplier svelte, le saule pleureur. Chez les **Conifères**, l'horizontalité des branches et la persistance des feuilles donnent à ces **Arbres verts**, résineux, un aspect caractéristique : le sapin est conique, le pin élancé ; le cèdre mystérieux ; le cyprès, funèbre. Tableaux et gravures vulgarisent de plus en plus la Flore des différents pays. Ces palmiers, enfoncés dans une dépression sablonneuse, ce sont les dattiers d'une oasis du Sahara. Ces palmiers, plus sveltes encore, au pied desquels se dressent de grandes fougères, ce sont des cocotiers d'une île de l'Océanie. Ces candélabres de 20^m sur un sol calciné sont les Cactus-Cierges de la Sonora mexicaine. Ce paysage d'Australie manque d'ombrage à cause de la verticalité des feuilles minces de l'eucalyptus et de l'acacia hétérophylle.

Bien plus, des Vues Idéales de la terre aux différents âges géologiques nous familiarisent avec les Flores disparues. On reconnaît l'époque triasique à l'abondance des gracieuses **Cycadées**. La période houillère vit régner les Cryptogames marécageuses, dont la carbonisation a produit la houille : Fougères, Annulaires, Astérophylles, que dominent des Lycopodes géants et des Prêles colossales : Lepidodendron, Sigillaire, Calamite.

III. — TRONC DES DICOTYLÉDONES. — Les zônes concentriques, comptées à la base de l'arbre, permettent de dire son âge, parce que chacune d'elles représente l'accroissement annuel : autant de cercles, autant d'années. Les deux tissus sont répartis au sein de deux formations essentielles, le Bois et l'Ecorce, que sépare le Cambium générateur. 1º Bois. Au centre du bois, nous voyons : **1º la moëlle,** cellulaire, de plus en plus pressée, finissant par se dessécher et se détruire, alors qu'au début, presque seule, elle contenait de l'amidon, des cristaux. **2º L'Etui médullaire** est caractérisé par l'abondance des trachées déroulables. **3º Le Bois proprement dit,** de tissu ligneux, fibro-vasculaire. Dans chacune de ses zônes annuelles, les vaisseaux annelés dominent vers l'intérieur, et les gros tubes ponctués ou rayés s'entrelacent, à l'extérieur, avec les clostres. Primitivement rempli de liquides et de gaz, cet ensemble se déssèche et durcit, parce qu'il s'incruste de sclérogènes, et parce qu'il est pressé extérieurement par les nouvelles zônes du bois. Il en résulte 2 régions. Au centre, le **Cœur,** très dense, homogène, sec, foncé dans le noyer, coloré dans l'acajou, recherché pour l'ébénisterie, les constructions, le chauffage. Au pourtour, l'**Aubier,** tendre, humide, blanc, se prêtant bien à l'*ascension de la Sève.* C'est la partie la plus facile à injecter quand on veut rendre le bois inaltérable, avec le vitriol bleu, ou l'acétate de fer, ce qui rend des bois vulgaires aussi résistants que les « essences » tenaces.

4º A travers les couches ligneuses on distingue de fines et nombreuses radiations cellulaires, les **Rayons Médullaires,** dont les premiers relient la moëlle au milieu de l'écorce (*Couche Herbacée*), et dont les suivants s'éloignent de plus en plus de la moëlle, parce qu'ils se forment en même temps que la zône ligneuse qu'ils doivent relier à l'écorce. Très nets sur le chêne, les rayons médullaires sont peu marqués sur le châtaignier. Leur extrémité est le siège d'une activité intense : on y constate des dépôts de fécule et de sucre accumulés par la *Sève Descendante.* **5º La zône génératrice** ou **Cambium**, cellulaire, foncée, visqueuse, gonflée de sucs albuminoïdes, représente la partie principale de la Sève élaborée. C'est la multiplication des cellules du Cambium qui forme chaque année 2 nouvelles couches stratifiées : une nouvelle zône d'aubier et une nouvelle d'écorce (liber). Au printemps, la mollesse du Cambium facilite l'enlèvement de l'écorce. C'est avec cette zône génératrice que doit communiquer la greffe ; c'est jusqu'à elle que s'enfoncent les racines des Parasites.

IV. — Écorce. — Elle est constituée par 3 régions que protège un Épiderme. **1º Le Liber** ; ce nom indique de minces couches, euilletées, aux longues fibres tenaces, dont on peut souvent faire du fil. Les fibres sont associés à des cellules gonflées de provisions : des *Vaisseaux Cribreux* qui permettent la descente d'une portion de la sève nourricière, destinée aux racines ; — et à des *Latici* *fères*. Parmi les fibres **textiles**, dont on fabrique du fil et des étoffes : le **Lin**, consacré aux dentelles et batistes ; le **Chanvre**, moins fin, mais résistant ; le Phormium tenace, ou lin de la Nouvelle-Zélande ; les Orties de Chine qui donnent une *soie végétale* (*Ramie* et *China-grass*); le Broussonetia ou Mûrier à papier. Par le rouissage, on isole les fibres libériennes, séparées de la partie ligneuse ou chènevotte. Une multitude de végétaux servent à fabriquer des étoffes, du papier, des cordes, de la sparterie : Genêt d'Espagne ou Spartium, Alfa algérien, Stipa russe, Cocotier, Aloès, Tilleul, Bois-dentelle ou Laghetta de Taïti.

2º La Couche herbacée est cellulaire, verte, chlorophyllienne, et, par suite, riche en amidon. Elle renferme des vaisseaux laticifères. Elle est reliée par les Rayons Médullaires d'abord à la moëlle, à la base de l'arbre ; puis aux couches successives du bois. Plus encore que le liber, elle renferme des provisions de nourriture ; c'est pourquoi elle est recherchée par les herbivores et, même, dans les régions polaires, par les humains. On utilise les écorces du quinquina et de la cannelle. On emploie pour tanner les peaux, fabriquer le cuir, les *Tannins* du chêne, du bouleau, du saule, du sumac. **3º Le Liège**, ou Suber, est la zône protectrice, cellulaire, remplie d'air. Le liège est un excellent préservateur, parce qu'il est inaltérable et élastique. A partir de la 12ᵉ année, on extrait tous les 7 ans le Suber du *Chêne-Liège*, par grandes plaques, en respectant la couche herbacée. On considère les Aiguillons et les Lenticelles comme des dépendances du Suber. Cette région s'exfolie souvent et se crevasse, pressée par les couches sous-jacentes. Au sein du liber des Platanes naissent des formations subéreuses qui font éclater l'écorce, décortiquée ainsi profondément. **4º L'Epiderme** est mince, transparent, à cellules rectangulaires très pressées, dont plusieurs se modifient en *Poils* et en *Stomates*. Il est revêtu d'une fine membrane, résineuse et grasse, parfois même enduite de cire, la *Cuticule*.

V. — Stipe des Monocotylédones. — Ce sont des tiges cylindriques, écailleuses, parfois s'évasant en plumeau, beaucoup plus minces à la base, dures sur le pourtour ; elles s'allongent de plus en plus, sans s'élargir et sans se ramifier. La vie est concentrée à l'extrêmité, dans le bourgeon terminal qui s'épanouit en belles palmes. Pas de cambium, pas de zones annuelles concentriques, mais entrelacement des 2 tissus dans 2 régions. **1º** au centre, une sorte de moëlle tendre ; le parenchyme cellulaire n'a pas cessé d'y dominer. Peu de faisceaux ligneux sont venus s'y intercaler. **2°** à la périphérie, une région dure, parce que les faisceaux fibro-vasculaires, à la fois bois et liber, s'y insinuent de plus en plus. Chaque faisceau ligneux part d'une feuille, et descend **en perdant de ses éléments** : comme fait le rameau qui se continue, par rabattement, au sein du pétiole et des nervures de la feuille.

Ce faisceau se dirige d'abord vers le centre du stipe ; puis il s'infléchit, traverse les faisceaux précédents, redevient externe par rapport à eux et, réduit aux fibres libériennes tenaces, il se perd dans l'écorce mince et ferme. Le bois des palmiers et des dragonniers, très dur à la circonférence, convient spécialement pour tuyaux de conduite ou gouttières. Les Rotangs siliceux dépassent 3oo mètres. Le centre du Sagoutier renferme une fécule de luxe, le *Sagou*. La moëlle de la Canne-à-sucre est gorgée d'un jus précieux. Lorsque la moëlle se résorbe, on passe du Stipe au **Bam-**

bou, à nœuds renflés en cloisons solides, avec concrétions de silice. Léger et tenace, le Bambou sert à construire les maisons, les meubles, les échelles, des ustensiles ; jeune, il est excellent à manger. Un joli conte indien nous décrit l'hospitalité confortable reçue par un voyageur ; tout ce que son hôte mettait à sa disposition provenait du bambou. Les **Chaumes** siliceux, ou **Pailles** de nos céréales et les **Joncs** sont de petits bambous.

VI. -- Divers. — Les Gymnospermes sont privés de vaisseaux. La sève circule de proche en proche, à travers les **Clostres aréolées** : les perforations des aréoles étant 2 à 2 en regard. Les Térébenthines qui rendent ces bois aromatiques, incorruptibles, hydrofuges et bons combustibles, sont contenues dans des tubes Sécréteurs fermés. On emploie ces beaux arbres pour mâts de navire, châlets, pilotis. Le cèdre était très recherché. La moëlle de plusieurs **Cycadées** renferme un sagou apprécié ; et chaque zône annulaire représente la formation de plusieurs années. Parmi les **Cryptogames** supérieurs, munis d'une tige qui grandit (Acrogènes) on remarque les *Prêles*, tellement siliceuses qu'elles servent pour polir. Dans nos petites **Fougères**, une écorce molle entoure un ligneux central qui présente, chez l'Aquilina, l'apparence de l'aigle à deux têtes de la Maison d'Autriche. Au contraire, dans les Stipes arborescents des fougères tropicales, une moëlle tendre est entourée d'un ligneux, que l'on croirait formé de doubles croissants. Tous les vaisseaux sont prismatiques **Scalariformes**.

Nous avons entrevu les principales Utilités : constructions, chauffage, charbon de bois, fusains, libers **textiles**, quinquina, cannelle, tannins, liège. On confit l'angélique et le gingembre. **Sucre** de la canne. Sagou de plusieurs. Tubercules de **la pomme de terre**, de l'igname et du colocasia. Bulbes ou oignons. Rhizôme féculent du curcuma à arrow-root. Parmi les **Couleurs** : rouges et violets des bois de Campêche, de Brésil, de Santal ; couleur jaune du Quercitron, ou chêne noir, et du Morin ou mûrier jaune.

Lecture. — Extraction du liège. Le Rouissage. Injection des bois blancs. **Note**. — L'architecture des grands arbres influe sur celle des humains : on le constate dans les monuments sarrazins et dans nos temples catholiques. Les palais des Doges et de l'Alhambra rappellent les palmiers et les cycas. On songe aux splendides forêts de pins, quand on admire les sveltes ogives de Coutances et les fines colonnettes de Bayeux. Feuilles, fleurs, animaux, s'entrelacent sur les chapiteaux et sous les triforium. Quelques tables de communion, à Anvers, la chapelle de la Vierge à Dieppe, sont des merveilles. Notre-Dame de Dijon porte sur sa façade 3 rangées d'animaux. La chaire de Saint-Etienne-du-Mont ne peut, malgré son ornementation, vous donner idée des chaires de la Belgique : une profusion, un musée zoologique, dans un feuillage surabondant ; toute l'arche de Noë !

Vᵉ LEÇON

LA FEUILLE

I.—Introduction.—La Feuille provient d'un bourgeon. Le végétal porte 2 sortes de bourgeons : les uns, ovales, logent les **boutons** qui s'épanouiront en fleurs et en fruits ; les autres, pointus, minces, produisent les rameaux et les feuilles. Pour renforcer les premiers, le jardinier supprime une partie des seconds (*Eborgnage*). En général, les bourgeons naissent à l'aisselle des feuilles précédentes ou à l'extrémité des branches. Ceux qui poussent au printemps sont **nus**, parce qu'ils vont s'épanouir de suite ; ceux qui naissent à l'automne sont **écailleux**, vernis et couverts de duvet. Ils se prêtent bien au greffage ; parfois, on peut les semer comme des graines ou des bulbes. On nomme Adventifs ceux qui se forment accidentellement à une place quelconque ; tailler un saule en têtards, c'est déterminer, en le blessant à la tête, une couronne de bourgeons adventifs qui s'allongent en rameaux flexibles, que le vannier utilise ou que le jardinier bouture.

II. — Généralités. — La feuille nourrit le végétal en formant de l'amidon et du sucre sous l'influence du soleil. En effet, pendant le jour, elle décompose le gaz carbonique, rejette l'oxygène bienfaisant ; et conserve le carbone, qui s'unit à l'eau des tissus pour former de l'amidon et du sucre. La feuille exhale énormément de vapeur d'eau. Elle respire, la nuit, comme les animaux. Elle sert de bouclier protecteur aux bourgeons, qui naissent à son aisselle, et, par suite, aux fleurs et aux fruits. Après sa chute, elle garantit contre le froid les racines et les graines, et elle contribue à les nourrir en se décomposant. Enfin, ce sont des **modifications de la feuille** qui constituent de nombreux organes, les uns moins importants qu'elle (Epines, Vrilles, Phyllodes, Ecailles, Stipules, Ligules), les autres de plus en plus supérieurs, puisqu'ils forment la fleur : Bractées, Sépales, Pétales, Étamines, Carpelles de l'ovaire, Cotylédons de l'embryon (Goëthe).

Une feuille est composée, d'abord, d'un **Pétiole** qui représente le rabattement * du rameau ; il s'attache sur un renflement, le *Nœud*. Sa base, la *Gaîne*, peut s'épanouir en languettes vertes, les *Stipules*. Le pétiole se continue par de fines *Nervures* qui rappellent les mailles d'une raquette, afin de soutenir la 2ᵉ région de la feuille. C'est le **Limbe**, parenchyme cellulaire, dont le plasma est coloré en vert par des granules ou une gelée de **Clorophylle** (Chloros, vert ; Phullon, feuille). La face supérieure, tournée vers la lumière, est plus foncée et plus dure que la face inférieure, criblée de bouches d'exhalation pour le rejet de l'oxygène, les **Stomates** (Stoma, bouche). En moyenne 9.000 stomates par centimètre carré. Chacun d'eux est une boutonnière, formée par les 2 moitiés, contournées en rein, d'une cellule de l'épiderme.

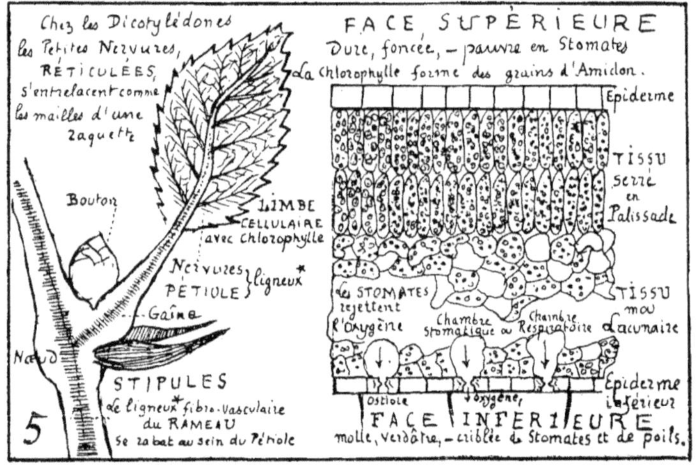

L'*Ostiole* d'entrée communique, par un canal rétréci, avec une Antichambre et une Chambre respiratoire. La face supérieure est dure et foncée, composée de quelques rangs de grandes cellules, pressées en **palissade** ; la face inférieure, tendre et claire, est formée d'un tissu **lacunaire**, cellules irrégulières, séparées par des lacunes qui communiquent avec les stomates. — Pétiole et nervures sont le prolongement du rameau ; le **rabattement** * du ligneux perd peu à peu de ses éléments externes, de sorte qu'il se réduit dans les nervures terminales à la région interne, l'etui médullaire, aux trachées déroulables. Au contraire, dans la descente du ligneux des stipes monocotylédones, ce sont les éléments internes qui disparaissent progressivement, de sorte que la région externe persiste seule, le liber.

III. — Nervures. — Les plus grosses sont surnommées Côtes. Chez les dicotylédones les grandes nervures secondaires sont disposées comme les barbes d'une plume et dites **Pennées**, — ou bien étalées comme les doigts d'un palmipède, et dites **Palmées**. En outre, les ramifications des petites nervures, enchevêtrées comme les mailles d'une raquette, sont **Réticulées**.

Chez les monocotylédones ces Réticulations sont rares ; la feuille, d'ordinaire très allongée, présente de grandes nervures parallèles ou ovales ; elle est dite **Rectinerviée** ou **Curvinerviée**. Les palmes se subdivisent facilement en longs filaments, dont on confectionne mille objets utiles : nattes, paniers, chapeaux. On reconnaît les gymnospermes à la persistance de leurs feuilles pointues et sombres, qui les ont fait surnommer **Arbres verts**. Les belles **Frondes** des Fougères, finement découpées, portent des organes de multiplication (Spores), tandis qu'une feuille ne porte jamais rien, comme la racine, tant leur rôle est important à toutes deux. Les frondes sont d'abord roulées en crosse.

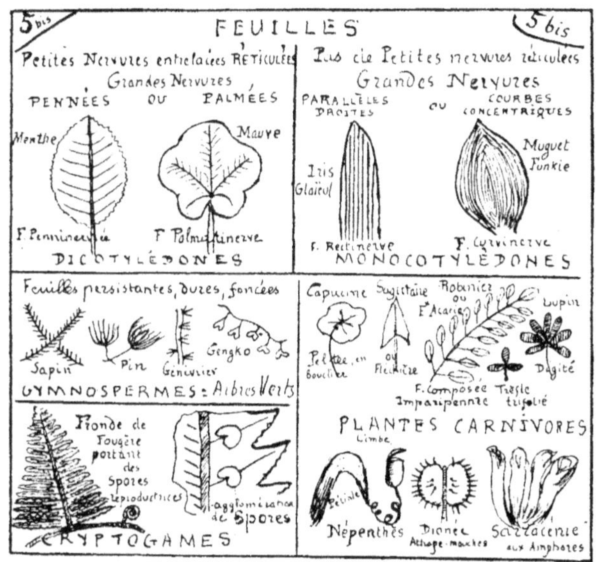

On emploie comme gazon, dans les serres, le frais feuillage d'un lycopode, la Sélaginelle, type de la parfaite dichotomie ou subdivision binaire de 2 en 2. Les Mousses ont de petites écailles vertes. On nomme **Thalle** l'épanouissement des Lichens et des Algues.

IV. — Formes. — Suivant que le **Limbe** est ou n'est pas indivis, on nomme la Feuille entière ou découpée et, dans le second cas, d'après la profondeur des échancrures, on la dit dentée, crénelée, lobée, multifide, multipartite, séquée. Enfin arrive un degré de subdivision tel que, cessant d'être simple, la feuille devient composée ; un axe commun, le rachis, porte de nombreuses Folioles, ayant chacune son pétiolule, et présentant un arrangement soit penné, soit digité. Parfois cette décomposition est double ; la Sensitive se replie, se rabat au moindre contact. Dans le Marronnier d'Inde, chaque foliole est pennée, et l'ensemble digité. Le Phyllode de l'acacia australien est un pétiole élargi, sans limbe. Les plantes **Carnivores** s'emparent de petites proies avec leurs feuilles disposées en piège, ou en cornet, et elles les digèrent en secrétant une sorte de suc gastrique. Au contact d'un insecte, la Dionée attrape-mouches rapproche les deux moitiés de sa feuille, bordées d'épines, et garnies chacune de 3 poils sensibles. Le Drosera enlace ses victimes et les englue dans ses poils glanduleux. Les Utriculaire, Grassette, Céphalotus, la Sarracénie aux amphores, le Népenthès en pipe, digèrent les proies attirées, et noyées, dans leurs urnes, où distille d'abord un nectar, — qui sera remplacé par une humeur corrosive, à pepsine. Darwin a constaté que le Drosera produit de meilleures graines lorsqu'on lui a fait manger de la viande !

On décalque aisément les feuilles, pour former de jolis albums. On les photographie. J'ai publié un petit ouvrage sur **la Feuille** qui renferme des Planches colorées par le bain photographique.

En vous invitant à faire un herbier très simple, sans la moindre prétention scientifique, je vous recommande de joindre toujours la feuille à la fleur ; autant que possible le végétal complet.

V. — Arrangement. — La disposition sur le rameau est très régulière. **1° Les feuilles opposées** sont situées en regard, 2 à 2 : lilas ; coléus aux belles panachures. Chaque série alterne avec la suivante, ce qui détermine une disposition en croix. Lorsqu'il y a plus de 2 feuilles insérées sur le même nœud, elles sont dites Verticillées. **2° Les feuilles alternes**, attachées sur des nœuds différents, sont régulièrement **spiralées**. Un nombre constant de feuilles sépare chacune d'elles de celle qui est placée verticalement au-dessus, ou au-dessous, si l'on suit la courbe de la spirale. Cette disposition, le **Cycle**, est représentée par une fraction dont le numérateur indique combien il faut tourner de fois autour du rameau, et le dénominateur le nombre de feuilles que l'on rencontre, pour atteindre celle qui est juste au-dessus du point de départ adopté. Donc **Cycle** $= \dfrac{\text{Nombre de Spires}}{\text{Nombre de Feuilles}}$. Les Cycles ordinaires sont $\frac{1}{2}$ (orme) $\frac{1}{3}$ (aulne) $\frac{2}{5}$ (cerisier) $\frac{3}{8}$, $\frac{5}{13}$, $\frac{8}{21}$ (mousses). Ainsi : dire que le cycle du cerisier est $\frac{2}{5}$ c'est dire qu'il faut tourner **2** fois autour de la branche, pour arriver, après avoir rencontré **5** feuilles, au **n°** **6** placé exactement au-dessus du **n° 1**, tout comme le **n° 7** est au-dessus du **n° 2**. On remarquera que chaque fraction, à partir de la 3ᵉ, peut être obtenue en additionnant les 2 derniers numérateurs et dénominateurs. Ainsi : $\frac{5}{13} = \frac{2+3}{5+8}$.

PRINCIPALES FORMES DE FEUILLES

NOMS	EXPLICATIONS	EXEMPLES
ENTIÈRE	Limbe uni, non dentelé	Lilas, Pervenche.
DENTÉE	Limbe dentelé	Tilleul, Menthe.
CRÉNELÉE	Limbe crènelé	Chène, Germandrée.
MULTIFIDE	Limbe à divisions pointues	Erable, Abutilon.
MULTILOBÉE	— — arrondies,	Vigne, Lavatera.
MULTIPARTITE	— — profondes	Centaurée, Mélilot.
SÉQUÉE	— — très profondes	Carotte, Fumeterre.
	FEUILLES COMPOSÉES : 1° **Pennées**.	(*en plume d'oiseau*).
Imparipennée	Axe terminé par une foliole	Robinier ou faux Acacia.
Paripennée	Axe non terminé par une foliole	Caroubier.
	COMPOSÉES : 2° **Digitées** ou **Palmées**	(*en doigts palmés*).
TRIFOLIÉE	Trèfle, Mélilot. MULTIFOLIÉE : Lupin	7 — FOLIÉE : Marronnier.
DÉCOMPOSÉE	ou doublement composée	Sensitive.

	FORMES DIVERSES	
𝕻eltée	Limbe en bouclier	Capucine, Nénuphar.
𝕾agittée	Limbe en fer-de-lance	Fléchière, Céropège.
𝕰nsiforme	Limbe en glaive	Iris, Glaïeul (𝕲ladiolus).
FISTULEUSE	Feuille creuse	Ail, Oignon.
PECTINÉE	Ou ACICULAIRE : en aiguille	Les Conifères.
ÉPINEUSE	Houx, Fragon, Epine-Vinette	ÉCAILLEUSE : Cactus.

VI. — FONCTION DIURNE. — Sous l'influence du soleil, la Chlorophylle décompose le gaz carbonique de l'atmosphère, elle le réduit ; elle rejette une partie de l'oxygène par les stomates, et elle fixe le carbone qui forme de l'amidon et du sucre en s'unissant à l'eau du végétal $CO^2 = C + 2O$. Ce sucre, ou **glucose**, très soluble, attire la sève aqueuse avec une force qui redresse le pétiole au commencement de la nuit : la feuille prend une attitude dite, à tort, sommeillante. Puis le sucre s'étant dissous, la sève redescend, le pétiole cesse d'être rigide, et la feuille semble s'épanouir au lever du soleil. Les plantes peuvent-elles se passer des 0, 0004 de gaz CO^2 que contient l'atmosphère ? Si l'on fait arriver dans une serre un air filtré, qui s'est débarrassé de son gaz CO_2 en passant dans de l'eau de chaux, les végétaux meurent en quelques jours. Une seule famille est à l'abri, parce qu'elle n'a jamais de chlorophylle : les champignons. Aussi ne produisent-ils ni amidon, ni sucre.

Pour se former et pour fonctionner, la **Chlorophylle** a besoin de lumière et de fer ; sinon, dans les deux cas, la feuille pâlit, la plante s'étiole. C'est une chlorose végétale qui rappelle la chlorose animale : pauvreté du sang en globules, anémie que révèle la pâleur verdâtre du visage. On les combat toutes deux par les ferrugineux et l'exposition au soleil. On démontre facilement la fonction diurne de la chlorophylle, son rejet de gaz oxygène. Remplissez d'Eau de Seltz une carafe ; plongez-y des feuilles ; retournez le goulot dans un verre plein d'eau ; exposez au soleil ; vous constaterez un dégagement gazeux, et ce gaz rallumera une bougie offrant quelques points

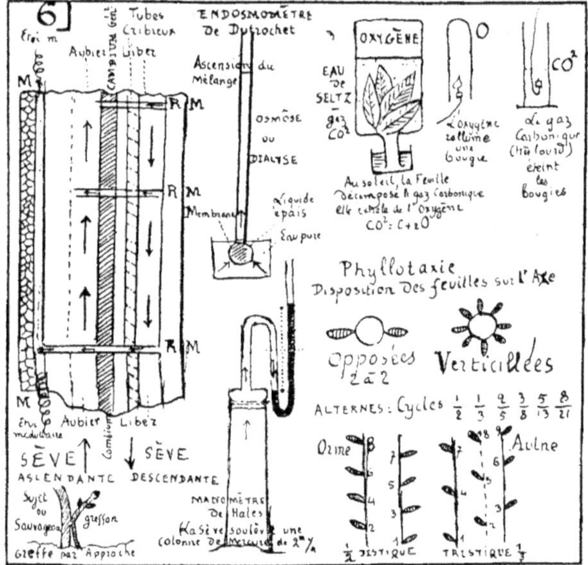

incandescents. Donc le gaz CO_2 de l'Eau de Seltz a fait place au gaz comburant, à l'oxygène. On éteindra plusieurs fois dans CO_2, et l'on rallumera chaque fois dans l'oxygène (*Planche 6*). Ainsi les Feuilles purifient l'atmosphère au profit du Règne Animal, car elles décomposent 20 fois plus de gaz CO_2 pendant le jour, qu'elles n'en rejettent durant la nuit, lorsque la *Respiration proprement dite reprend son cours*. Après avoir recherché, dans la journée, l'atmosphère ozonisée des jardins, des parcs, de la campagne, *on bannira les végétaux de la chambre à coucher*, fussent-ils sans odeur.

VII. — Transpiration. — Les plantes exhalent énormément d'eau, surtout par leurs feuilles, et pendant le jour. Cette évaporation détermine un appel qui contribue à attirer la sève. Elle équivaut à celle d'une égale surface d'eau. En 24 heures la feuille perd son propre poids de ce liquide ; un arbre ordinaire exhale au moins 20 litres d'eau. Les vapeurs dégagées par les prairies contribuent à former la Rosée, et l'on voit sortir les nuages des flancs d'une montagne boisée. En déboisant des régions fertiles on les a ruinées (Sicile, Californie) car les forêts emmagasinent l'eau dans leur abondant terreau ; leurs racines immobilisent le sol ; leurs tiges arrêtent les blocs entraînés et les avalanches.

Parfois la vapeur rejetée par les feuilles se condense en perles, et de gros Stomates Aquifères laissent échapper du liquide. Dans les régions torrides, les feuilles de quelques plantes sont d'utiles alambics qui offrent aux oiseaux, et au Voyageur, une eau limpide alors que les racines avaient difficilement puisé un liquide impur. Toutefois les célèbres arbres du voyageur, Ravenala, Urania, ont la base des pétioles renflée en coupes où s'accumule l'eau de pluie et de rosée. Si les feuilles exhalent de l'eau, par un juste équilibre elles en absorbent : de là le bon effet de la pluie, et de l'arrosage, sur les feuilles d'un végétal dont les racines sont petites ou bien à sec. En général la feuille jaunit à l'automne et tombe en hiver. Celles du chêne sont dites *marcescentes* : désséchées par le froid, elles ne tombent qu'au printemps. Les feuilles demeurent vertes en hiver chez le buis, le laurier, l'iris ; elles persistent plusieurs années chez les Conifères ou Arbres Verts (12 ans sur le sapin) à l'exception du Mélèze.

VIII. — Utilités. — **1° Feuilles comestibles** : Salades, chou, céleri, épinard, oseille, carde, poirée, pourpier. **2° Condiments et Remèdes** : Persil, cerfeuil, thym, sauge, menthe, mélisse, verveine, laurier, eucalyptus. **Thé**. Coca, maté, fougères. **3° Fourrages**. Les graminées qui forment le foin des prairies naturelles, et les légumineuses qui constituent le fourrage des prairies artificielles : trèfle, luzerne, sainfoin. Feuilles de carotte, navet, betterave. **Mûrier. 4° Couleurs**. Indigo de l'indigotier et du pastel ; gaude et sumac. **5° Textiles**. Presque toutes les grandes feuilles des monocotylédones, aux longues nervures parallèles papyrus ou parchemin des anciens, Agavé, chanvre de manille, crin végétal du tillandsia. **6° Divers**. Feuilles du tabac, cire parfumée d'un palmier américain. Superbes feuilles colorées, panachées, des coléus, caladium, bégonia.

IX. — Mouvements. — Certains organes végétaux accomplissent des mouvements. Une racine cultivée dans un sol médiocre passera par dessous le mur pour aller chercher sa nourriture à côté. Quand les étamines sont mûres, au moment où le pollen éclate, d'utiles mouvements s'effectuent. Rien de plus mystérieux que l'obstination de la gemmule à rechercher la lumière, alors que la radicule s'enfonce dans l'obscurité. Beaucoup de corolles prennent le soir, une attitude sommeillante, pour se rouvrir le lendemain et, parfois à une heure déterminée ; telle est la Dame d'onze heures et le Souci d'Afrique qui s'ouvre à 7 heures et se ferme à 4 heures. Certaines fleurs acclimatées font l'inverse, fermées le jour, ouvertes la nuit. Les Héliotropiques suivent le soleil, parce que leur tige s'incline, affaiblie, de son côté par l'évaporation de la sève : Héliotrope, tournesol.

Mais ce sont les feuilles qui présentent le maximum de mouvements. Elles semblent s'épanouir le matin et se replier le soir. En réalité, elles pendent horizontales dans la journée, par affaissement ; et elles se redressent durant la première moitié de la nuit, parce que la sève afflue dans le pétiole, pour dissoudre le sucre (glucose) formé pendant le jour. Quand on détourne une feuille de sa position normale, elle se retourne en peu de temps. Les feuilles Composées de la famille des Papilionacées, acacia, lupin, ont des mouvements très accusés. Le Sainfoin du Bengale est une sorte de cadran solaire : sa grande foliole suit le soleil et les 2 petites, latérales, s'élèvent et s'abaissent, l'une après l'autre en 2 ou 3 minutes, aussi bien la nuit que le jour, par des saccades qui battent quelquefois la seconde. Pendant une éclipse, feuilles et fleurs prennent leur attitude nocturne. On peut les maintenir éveillées avec la lumière électrique.

Au moindre contact, la **Sensitive** se replie. Ses folioles s'imbriquent comme les tuiles d'un toit, et les pétiolules se rapprochent de l'axe central qui s'abaisse. Sanderson a décrit le mécanisme de ce mouvement. Les brûlures du feu ou d'un acide, l'ébranlement d'une voiture, un bruit violent produisent le même effet. On endort la sensitive comme les animaux, avec l'éther, le chloroforme, et autres Anesthésiques. Alors elle ne se contracte plus quand on la touche mais elle se ferme comme d'habitude, au coucher du soleil. Plus curieuses encore sont les Plantes Carnivores.

VIᵉ LEÇON

LA SÈVE. — L'INFLORESCENCE

I. — LA SÈVE. — C'est le liquide nourricier, comparable au sang. La Sève entretient et accroît le végétal ; elle développe les bourgeons et les fruits ; elle forme chaque année, par l'intermédiaire du cambium, une nouvelle couche de bois et une nouvelle d'écorce, dans les arbres de nos pays (dicotylédones). Certaines sèves, comme celle du papayer, sont aussi riches que le sang en matériaux nutritifs. Les différences principales consistent en ce que la formation et la circulation de la Sève sont restreintes à la belle saison et, d'autre part, en ce que la sève ne produit pas ce continuel rajeunissement que le sang accomplit dans les animaux. L'eau absorbée par les racines, avec les principes dissous, constitue la **Sève brute**, **Aqueuse**, que des échanges continuels rendent de plus en plus épaisse et nutritive, à mesure qu'elle s'élève dans l'aubier. Le liquide achève son élaboration dans les feuilles qui l'enrichissent en amidon et en sucre, et lui permettent d'exhaler énormément d'eau. Il constitue alors la **Sève Nourricière** qui va former de nouveaux tissus, et les remplir de provisions utiles. Une partie de cette sève élaborée **nourrit sur place** le végétal. Une autre enrichit le **Cambium**, surtout en principes albumineux. Une 3ᵐᵉ où dominent les fécules et les huiles, redescend dans l'écorce, à travers les tubes Cribreux du liber, pour nourrir les régions inférieures, grâce aux rayons médullaires, et pour entretenir la racine. Une dernière contribue à former des réserves liquides, latex, mannes, gommes, térébenthines. Ainsi la sève Aqueuse est nettement **ascendante** à travers l'aubier, et une portion restreinte de la sève Élaborée est **descendante** dans l'écorce. Quand on lie fortement une branche, il se forme au-dessus de la ligature un Bourrelet, par arrêt de la sève descendante. Les régions inférieures deviendraient maladives. Si l'on blesse ce bourrelet, la sève s'écoule, et elle est prête à former des racines adventives au contact de la terre (Marcottage).

II. — ASCENSION PRINTANIÈRE. — La sève aqueuse s'élève des racines aux feuilles, à travers les dernières zônes de l'aubier. Vaisseaux et fibres Conductrices se prêtent particulièrement à cette ascension printanière, mais les clostres en fuseau, et les files de cellules peuvent y participer. Un saule que la vieillesse a creusé continue de vivre tant qu'il possède quelques faisceaux d'aubier. Le peuplier de l'Arquebuse, à Dijon, se porte à merveille, bien que sa base soit très excavée ; âgé de 500 ans, il dépasse 40 mètres. L'élévation de la sève s'opère au réveil de la belle saison; elle se ralentit en été quand le rôle du fluide nourricier est terminé, alors que les fruits ont mûri, que les feuilles vont tomber et que les bourgeons de la prochaine année ne demandent qu'à sommeiller. Aussi les Vaisseaux ne renferment-ils que des Gaz au commencement de l'automne. Lorsque cette saison est trop chaude, une certaine reprise de la sève fait éclore prématurément quelques bourgeons ; puis l'hiver vient condamner les plantes à la léthargie. Dans la zône tropicale et dans nos serres, le mouvement de la sève est presque continu. Près de l'Équateur, l'ascension augmente d'intensité au renouvellement de la lune, de sorte que le tronc de certaines dicotylédones présente 12 zônes mensuelles, à la place d'une seule zône annuelle.

La force d'ascension de la sève est énorme au printemps. Elle produit les *Pleurs* de la vigne quand on taille ce végétal avant l'épanouissement de ses bourgeons, ainsi que les larmes des nombreuses plantes tropicales : colocasia, cœsalpinia. Un manomètre installé par *Hales* sur le tronc d'un arbuste coupé, montre que l'ascension de la sève peut soulever une **colonne de mercure** de plus de 2 mètres (soit $13 \times 2 = 26^m$ d'eau). Le docteur Boucherie a utilisé l'**Aspiration** produite par cette ascension, pour injecter des arbres, soit debout, soit récemment abattus, avec le vitriol bleu ou l'acétate de fer. L'aubier est pénétré très rapidement. De la sorte, des bois faibles, blancs, le peuplier, le saule, le platane, l'orme devenus aussi tenaces que le chêne et le noyer, conviennent plus spécialement pour les traverses de chemin de fer et les poteaux télégraphiques. MM. Renard et Perrin injectent avec des *matières colorantes*, pour que les bois deviennent propres aux besoins de l'ébénisterie. Ce mode d'injection produit de *jolis effets* quand on plonge la racine d'une fleur blanche dans certaines couleurs. Ce n'est pas le cas pour les œillets verts, vite passés de mode. Pour que les plantes d'un herbier bravent la destruction du temps, et la morsure des insectes, on leur fait absorber un poison redoutable, le sublimé corrosif, HgCl. On explique l'ascension de la sève par bien des raisons : l'appel produit par l'évaporation dans les feuilles, l'appel vital des bourgeons et des fleurs, la capillarité des tissus végétaux, la pression atmosphérique, et l'Osmôse.

L'**Osmôse** ou **Dialyse** est une pénétration mutuelle qui fait que la sève aqueuse des racines tend à se mêler à la sève épaisse des rameaux et des feuilles. Voici l'Endosmomètre de Dutrochet : Une vessie, pleine d'eau sucrée et gommeuse, est surmontée d'un long tube ; on la plonge dans l'eau pure ; et l'on voit bientôt l'eau pure, pénétrant à travers la membrane, se mêler au liquide épais, et monter avec lui de plusieurs mètres dans le tube : Planche VI.

III. — **Utilités**. — Toutes les sèves sont sucrées. La consommation utilise les plus riches. **1° La Canne** est un roseau, dont le jus contient 20 % du plus beau sucre. La fermentation des résidus donne le rhum. **2° L'Érable** du Canada contient 3 % d'un sucre difficile à raffiner, et dont, cependant on consomme 60 mille tonnes par an. **3° Les Palmiers** fournissent le double. Leur sève rafraîchissante se transforme en un vin pétillant, puis en une bière exquise. On extrait cette sève en blessant le bourgeon terminal, dont on supprime la plupart des palmes. La sève de l'Agavé mexicain sert de vin, et produit une eau-de-vie.

Les **Dérivés** de la sève sont très utiles : Térébenthines des conifères, Manne de l'Orne, Gommes des acacias ; et les **Latex** : opium, thridace, gutta-percha, nombreux **caoutchoucs** (figuier élastique, siphonia, jatropha, parmélia, lobélia, etc).

IV. — La Greffe. — Deux mots sur cette question : le greffage consiste à incorporer sur un **sujet** * robuste, parfois sauvage, une portion d'un végétal précieux par sa beauté ou son utilité. Nous lui devons nos meilleurs fruits. Nos départements phylloxérés reconstituent leurs vignobles en greffant les meilleurs plants de France sur de vigoureux ceps d'Amérique. Que ce soit une portion de rameau, ou d'écorce, le **greffon** doit porter au moins un Bourgeon ; on l'insère profondément sur le **sauvageon** *, de manière **à fusionner les deux cambiums**. Ce n'est pas le lieu de décrire les principaux modes : en écusson, sifflet, flûte, etc. et *greffe par approche ou conjugaison* de 2 plantes vivant soudées, jusqu'à ce que leur fusion soit assez absolue pour permettre de retrancher peu à peu la partie inférieure du greffon. Voilà qui rappelle la Transfusion du sang : or, comme elle, la greffe ne réussit qu'entre les êtres de même espèce, ou, plus rarement, de même genre. C'est à titre exceptionnel que les Chinois sont parvenus à greffer le cognassier sur l'oranger, et la vigne sur le jujubier.

LA FLEUR

I. — Inflorescence. — C'est le mode de groupement des fleurs sur le rameau. Les fleurs sont dites **solitaires** quand elles sont séparées les unes des autres par une feuille : pensée, violette. Elles sont dites groupées lorsqu'elles sont séparées par une bractée, ou feuille florale. L'inflorescence est **simple** si les fleurs s'attachent directement au rameau, et elle est **composée** si elles s'attachent indirectement à cet Axe Primaire, par des axes secondaires, tertiaires, etc. Elle est **définie** quand l'Axe et ses subdivisions se terminent par une fleur qui limite leur développement ; et l'inflorescence est **indéfinie** dans le cas contraire.

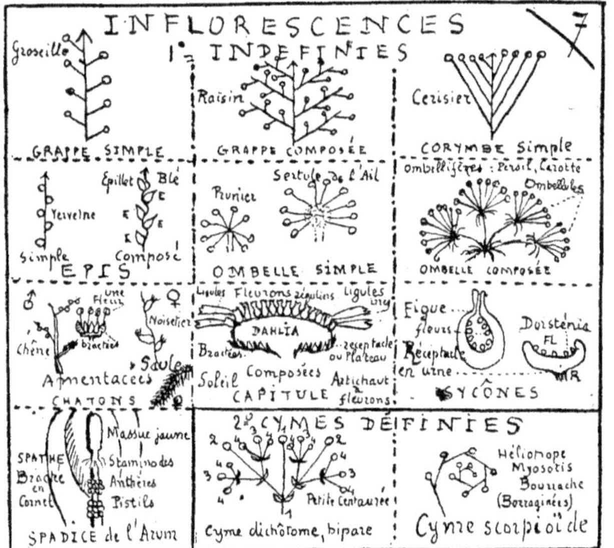

Ainsi une inflorescence indéfinie n'est pas limitée, parce que l'axe primaire n'est pas terminé par une fleur ; tels sont : **1° La Grappe**, bien régulière, aux pédoncules égaux, et également espacés ; soit simple (*Groseillier*), soit composée (*Raisin*). La grappe un peu renflée du lilas est le *Thyrse*. **2° Le Corymbe** ou « grappe raccourcie » dont les pédoncules inégaux atteignent horizontalement le même plan, soit simple (*Poirier*), soit composé (*Alisier*). **3° L'Ombelle** : sur son axe très court divergent des pédoncules égaux ; bref en ombrelle soit simple (*prunier, ail*) soit composée (*persil et autres Ombellifères*). **4° Le Capitule** dont le plateau porte des centaines de petites fleurs sessiles, c'est-à-dire sans pédoncule ; comme le montre le bleuet, la marguerite, la chicorée, bref toute la famille des *Composées*. Ainsi un dahlia n'est pas une fleur, c'est la réunion d'une multitude de fleurs. **5° L'Epi** est une grappe de fleurs sessiles, sans pédoncules ; *simple* dans la verveine, *composé* chez le blé.

De même que *l'ombelle composée* du cerfeuil est formée de plusieurs Ombellules, de même *l'épi composé* des céréales est formé d'Epillets. **6° Le Chaton** est un épi unisexué, formé de fleurs incomplètes ; les unes à étamines, les autres à pistils. Ce nom de Chaton indique qu'il est protégé par un duvet. Les plus beaux arbres de nos forêts ont des chatons ; voici le chaton à étamines du chêne, le chaton à pistils du saule (Amentacées, de Amenta, chatons). **7° Le Spadice** des monocotylédones est une sorte de chaton complexe, protégé par une bractée membraneuse ou **Spathe**, roulée en cornet. Le spadice du dattier est ramifié ; c'est lui qui forme le « **régime** » de dattes. Celui de l'Arum (Gouet, Pied de veau) est simple ; l'axe porte à sa base une agglomération de pistils, puis une série d'étamines, ensuite des filets d'étamines sans anthère (staminodes stériles), enfin une massue jaune, gonflée de provisions pour l'épanouissement de cette inflorescence, et le tout est enveloppé dans une belle spathe, cornet du blanc le plus pur.

Une inflorescence DÉFINIE est limitée, parce que son axe primaire, et les autres, se terminent par une fleur. On la surnomme **Cyme**. Quand la subdivision des axes se fait de 2 en 2, la **cyme est dichotome** : œillet, centaurée. Elle peut être trichotome. Le plus souvent l'avortement de certains axes détermine une torsion en hélice ou en scorpion ; c'est la cyme **scorpioïde** du myosotis et de l'héliotrope ; **hélicoïde** du phormium tenace. Le **glomérule** est une cyme de fleurs sessiles : Lamier et d'autres labiées. Ce qui domine, ce sont les associations des modes précédents, les inflorescences **Mixtes** ; ainsi le Sureau a une ombelle de cymes ; le Lierre offre une grappe d'ombelles ; le Marronnier d'Inde un thyrse de cymes ; l'Achillée un corymbe de capitules. La figue et le dorstenia ont des capitules (creux) de glomérules ou **Sycônes**.

VIIᵉ LEÇON

SUITE DE LA FLEUR. — LA COROLLE

II. — ENSEMBLE. — La fleur devient fruit, et celui-ci abrite les Graines. Elle assure donc la perpétuité des plantes. Elle est l'organe de la reproduction, sauf chez les Cryptogames qui n'en ont pas. On nomme **Phanérogames** les végétaux pourvus de fleurs. Au début du Cours nous avons examiné une fleur complète (Fig 1), elle est formée de 4 sortes d'organes, disposés en cercles ou Verticilles. Au centre les 2 VERTICILLES ESSENTIELS, pistils et étamines ; au pourtour, les 2 Verticilles secondaires, corolle et calice. **1°** Chaque **Pistil** présente un ovaire, un style, un stigmate ; il est formé de feuilles modifiées, enroulées en cornet, les **Carpelles**. Souvent le nombre des carpelles est indiqué par le nombre des loges de l'ovaire, mais les cloisons peuvent disparaître. L'Ovaire abrite les œufs végétaux ou ovules, que le contact du pollen transformera en graines. **2° Les Etamines** forment un verticille, ou plusieurs. Quand elles sont mûres, les anthères s'ouvrent, et leur Pollen tombant sur le stigmate, traverse le style, et féconde les ovules ; ceux-ci deviennent des graines, et l'ovaire qui les abrite devient un fruit.

De magnifiques végétaux n'ont que ces 2 sortes d'organes, et, d'ordinaire, séparés : on les nomme **Diclines**. C'est le cas des Gymnospermes, à ovules nus, et des grands arbres de nos forêts, les Amentacées, à chatons. La fleur mâle du Pin consiste en 2 anthères sur une bractée ; la fleur femelle se compose de 2 ovules nus. Le chêne, le saule, ont, pour constituer leurs chatons, soit plusieurs étamines entourées d'une collerette de bractées, soit quelques pistils abrités dans un calice très simple.

Les 2 autres Verticilles de la fleur, corolle formée de **Pétales**, calice formé de **Sépales**, sont de simples protecteurs désignés sous le nom d'Enveloppes Florales ou de Périanthe (Péri, autour ; Anthos, fleur). Nous venons de voir que la corolle manque au chêne et au pin ; ils sont dits Apétales. Les 4 verticilles d'une fleur complète alternent 2 à 2 : ainsi les pétales alternent avec les sépales et avec les étamines, et celles-ci alternent avec les pistils ou avec les loges de l'ovaire. Des coupes horizontales, ou diagrammes, indiquent ces alternances. S'il n'y a qu'une seule Enveloppe Florale, on considère ce **Périanthe** comme un calice, lorsque ses divisions sont opposées aux étamines (aristoloche) ; et comme une corolle lorsque ses divisions alternent avec les étamines (garance). S'il est brillant, le Périanthe est dit pétaloïde ; s'il est vert ou verdâtre, sépaloïde (palmier).

Les 4 organes des fleurs sont des **feuilles modifiées**. Cela est presque évident pour les sépales verts, et pour chaque loge d'ovaire qui ressemble à un cornet verdâtre, enroulé, ou Carpelle. L'examen des tissus démontre cette analogie. Les nervures d'un pétale sont formées, comme celles des feuilles, de longues cellules et de trachées déroulables. **L'onglet** allongé des œillets représente un pétiole, et la lame est nommée **limbe**. L'épiderme extérieur d'un sépale est aussi riche en stomates que l'épiderme inférieur des feuilles. Le nénuphar nous offre tous les degrés de cette métamorphose Ascendante, depuis la feuille et la bractée jusqu'aux étamines ; d'autant mieux que ces organes sont disposés en spirale, et non en verticilles : et, réciproquement, nous voyons les soins du jardinage convertir en pétales les nombreuses étamines d'espèces sauvages, ce qui produit des **Fleurs doubles**, et infertiles : rose, œillet, pivoine.

III. — Annexes. — Avant d'étudier les 4 verticilles essentiels de la fleur, quelques mots sur d'autres verticilles très secondaires. **1º Bractée** ou **Feuille Florale**. C'est une feuille dure, écailleuse qui protège le bouton placé à son aisselle et. parfois, la fleur elle-même. Plusieurs bractées s'associent en collerette, et ce verticille constitue le *Calicule* de l'œillet, l'*Involucre* de la fraise, la *Cupule* du gland, l'*Induvie* de la châtaigne. Ce que nous mangeons dans l'artichaut, ce sont les bractées et le plateau, gorgés de provisions destinées à l'inflorescence, que l'on rejette sous le nom de foin. Les bractées écailleuses des Conifères forment le **Cône** du sapin, la *Pomme* du pin, le *Galbule* du cyprès, qui abritent des bractées membraneuses, à la base desquelles sont les étamines ou les ovules. Les fleurs pistillées du houblon sont placées à la base de bractées qui forment des cônes parcheminés, saupoudrés d'une poudre jaune ; elle sert à conserver et aromatiser la bière, fabriquée avec l'orge. Chez les monocotylédones, la bractée se contourne en un cornet protecteur ou **Spathe**, très beau dans l'arum cultivé : iris, ail, palmier. Les bractées des céréales leur tiennent lieu de calice * et de corolle : glumes, glumelles *, glumellules : de là leur surnom de **Glumacées**.

2º Réceptacle ou Plateau (torus, thalamus). Il s'élargit beaucoup pour former le Capitule, ensemble de fleurs sessiles, des Composées : dahlia, bleuet. C'est lui qui constitue la fraise succulente, chargée de petits fruits secs et noirs. Il se creuse en coupe dans le fruit de la rose, et davantage encore chez le figuier où il devient charnu. La figue est un réceptacle contourné, succulent, au sein duquel sont renfermés les fruits : *Sycône*. Dans « la Fleur de la Passion » le réceptacle s'allonge de manière à espacer les 4 verticilles : les 3 styles représentent les Clous ; les pétales colorés la Couronne ; la bractée pointue figure une Lance et la vrille un Fouet. **3ºDisque.**On voit parfois se former tardivement, à la base des étamines, un disque qui se gonfle des provisions destinées aux ovules. Il peut être bordé de glandes, dites **Nectaires**, qui sécrètent le nectar dont l'abeille compose le miel.

IV. — Utilités. — Si nous admirons la plupart des fleurs, nous n'en utilisons qu'un petit nombre, et plutôt pour préparer des infusions calmantes ou sudorifiques : camomille, arnica, sureau, bourrache, pulmonaire, citronnelle, violette, *oranger*, tilleul, mauve, pavot, coquelicot. Les Stigmates jaunes du Safran servent de condiment (avec le poisson et le riz) et fournissent une couleur tinctoriale. Le clou de girofle est le bouton du Giroflier des Moluques. La parfumerie distille le jasmin, la rose musquée. Le pharmacien, la rose de Provins (*rosa gallica*). La teinturerie emploie la couleur rouge du Carthame et de la Grenade.

V. — Symétrie florale. — On reconnaît une fleur de **Dicotylédone** à 2 caractères : le calice est vert ; la symétrie est **5** ou **4**. C'est dire que, dans chaque verticille, on compte le plus souvent **5** organes, ou un multiple simple tel que 10 : ainsi le Lin possède 5 sépales, 5 pétales, 5 étamines, un pistil de 5 carpelles, un ovaire de 5 loges : telle est la **Symétrie Quinaire**. Sinon, le dicotylédone aura la *Symétrie Quaternaire* : le houx possède 4 sépales, 4 pétales, 4 étamines, 4 carpelles ; ou sinon 4, un multiple simple, tel que 8, 12. Certes il y a des exceptions : le calice du fuchsia est coloré, et non pas vert, etc.

On reconnaît une fleur **Monocotylédone** à 2 caractères : le calice est coloré comme la corolle, et la symétrie est **3** ; **ternaire** : soit 3, soit un multiple simple tel que 6, 12. Ainsi l'iris a 3 sépales colorés, 3 pétales de même couleur, 3 étamines, un pistil de 3 carpelles qui se terminent par 3 grands stigmates *pétaloïdes*, larges et colorés comme des pétales. Le lys a 3 sépales blancs, 3 pétales blancs, 6 étamines, un ovaire de 3 loges avec 6 rangs d'ovules ; il est le type de ce que l'on nomme **Corolle Liliacée**. Bref les 6 divisions du Périanthe se ressemblent beaucoup : les 3 externes représentent le calice, les 3 internes la corolle, et le **Périanthe** est dit **Unicolore** : tulipe, jacinthe, yucca, muguet, narcisse, palmiers. Assurément, il y a des exceptions, la calice du tradescantia est vert, etc.

VI. — Calice. — Le 1er verticille protecteur est formé de sépales, verts chez les dicotylédones, colorés chez les monocotylédones. Quand les sépales sont soudés, le calice est dit *Monosépale* ou **Gamosepale** (gamos, soudure) et quand les sépales sont libres, le calice est nommé Polysépale ou **Dialysepale** (**Dialuein**, séparer). La vigne n'a presque pas de calice, la garance n'en a pas. C'est lui qui forme 5 petites dents vertes sur l'**œil** de la pomme, et qui entoure le coqueret d'un large sac « induvie ». Les 2 sépales du coquelicot sont caducs, ils tombent de bonne heure. On remarque l'éperon de la capucine et du pied d'alouette, le casque bleu de l'aconit, et celui de l'aristoloche qui sert de coiffure dans l'Amérique du Nord.

VII. — Corolle. — Cette 2ᵉ enveloppe protectrice est brillante et parfumée, afin d'attirer les insectes qui transportent le pollen sur les stigmates. Alors, devenue inutile, elle peut tomber, formant dans nos vergers la neige odorante du printemps. A titre exceptionnel, on cite la persistante des corolles desséchées, *Marcescentes,* des bruyères et des campanules. L'éclosion des corolles s'accomplit à des époques déterminées, et presque à heure fixe. Plusieurs, dites *Sommeillantes,* se ferment le soir pour se rouvrir le matin : paquerette, anémone, colchique, souci. Les fleurs *Héliotropiques* suivent le cours du soleil : héliotrope, tournesol. Le cactus « à grandes fleurs » ne reste ouvert et parfumé qu'une seule nuit.

Les Couleurs sont déterminées par l'influence du soleil. Les fleurs tropicales, et celles des montagnes, sont plus brillantes que celles des régions boréales et des lieux sombres. On blanchit le lilas ordinaire dans l'obscurité d'une cave. Il en est de même des Parfums, des Essences, c'est le soleil qui préside à leur formation. Le jardinier lie ses salades pour éviter la formation de sucs amers, latex et autres. On rattache les couleurs végétales à 2 types, dont chacun est spécial à certaines familles. Le **Jaune** et ses dérivés, orangé, vermillon, forment la **Série** Xanthique. Le **Bleu** et ses dérivés, violet, carmin, forment la **Série** Cyanique. Ces 2 séries tendent vers des couleurs rouges très dissemblales, vermillon et carmin. L'association du bleu et du jaune forme le vert : ainsi la Chlorophylle est l'union de 2 principes, l'un bleu, l'autre jaune, et comme celui-ci persiste plus longtemps, les feuilles jaunissent en automne. Les roses et les tulipes offrent toutes les nuances de la série Xanthique, mais ne sont jamais bleues. Mais les jacinthes et laitues sont, indifféremment, jaunes ou bleues. Plusieurs fleurs changent de couleur : girofleé, myosotis, hortensia. Un hibiscus est blanc le matin, rose à midi, rouge le soir ; un glaïeul repasse du brun au bleu plusieurs jours de suite.

VIII. — Corolles a pétales soudés. — Elles sont dites Monopétales ou, mieux, Gamopétales (Gamos, union). Parmi les régulières, 6 formes principales : **1° Campanulée,** en cloche : campanule, liseron ; **2° Tubuleuse,** en tube avec gorge : primevère, consoude. **3° Infundibulée,** en entonnoir à gorge étroite : tabac, datura. 4° **Hypocratériforme,** en coupe : lilas, pervenche. **5° Urcéolée,** en grelot : muguet, bruyère. **6° Rotacée,** en roue : bourrache, pomme de terre. Parmi les corolles gamopétales IRRÉGULIÈRES : **1° Labiée,** en bouche ouverte ou double lèvre $\frac{2}{3}$: sauge, menthe. **2° Personnée,** en masque fermé $\frac{3}{2}$: muflier, scrofulaire. **3° Digitalée,** en doigt de gant ou éteignoir : digitale. Les formes compliquées sont dites **Anomales.** Dans la famille des **Composées,** le capitule est formé de 2 sortes de fleurs sessiles, sans pédoncules : des *Fleurons,* réguliers, en tubes; des *Demi-Fleurons* ou *Ligules,* irréguliers, dont une partie s'étale en une large lame.

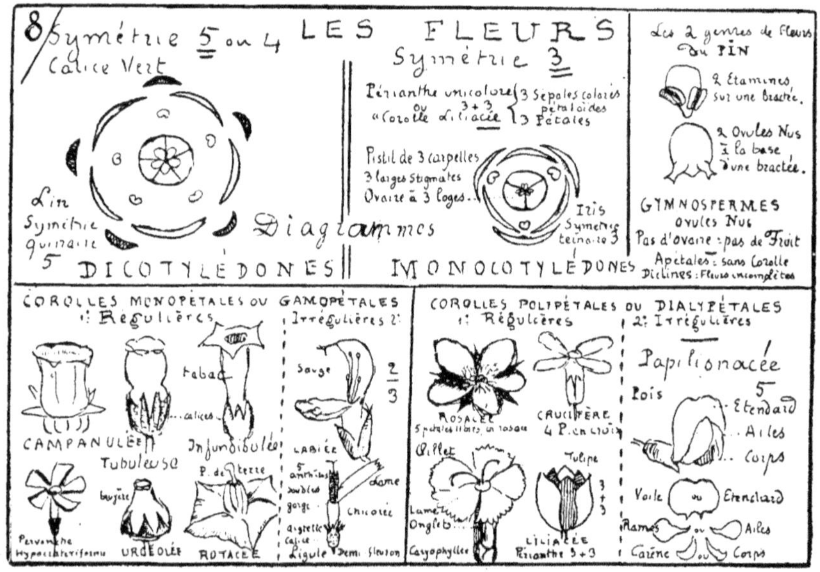

Le bleuet n'a que des fleurons, la chicorée n'a que des ligules, le dahlia possède des fleurons au centre, et des ligules au pourtour. Doubler le dahlia, le souci, c'est transformer par le jardinage les fleurons réguliers (du centre) en ligules, largement étalées comme celles du pourtour. On connaît beaucoup mieux le dahlia double que le dahlia simple.

IX. — COROLLES A PÉTALES LIBRES. — Elles sont dites Polypétales, ou, mieux, Dialypétales (*Dialuein,* séparer). Parmi les RÉGULIÈRES, 4 formes principales : **1° Rosacée,** en rosace : Églantier, fraisier. **2° Cruciforme,** 4 pétales disposés en croix : giroflée, chou. **3° Caryophyllée** : sur de longs onglets pointus, un limbe étroit : œillet, mouron. **4° La Corolle liliacée** caractérise les monocotylédones : c'est un périanthe unicolore, de 6 divisions semblables $3 + 3$: les 3 externes représentant le calice, les 3 internes la corolle. Parmi les Dialypétales IRRÉGULIÈRES, la forme **Papilionacée** : la corolle, composée de 5 pétales, est comparable à un papillon ou à une nacelle ; un grand pétale s'étale en *Etendard* ou *Voile* ; 2 latéraux forment *les Ailes* ou *Rames* ; et 2 très rapprochés au centre constituent *le Corps de l'insecte* ou *la Carène de la barque*. Presque toutes les autres formes sont compliquées, bizarres, Anomales. Un éperon caractérise la corolle *Violariée* : violette, pensée. Citons la capucine, l'Aconit, l'ancolie semblable à 5 petites colombes. Les Orchidées, très décoratives, sont des monocotylédones qui ressemblent à des bourdons, des araignées, des mouches ; le Casque supérieur est formé de 5 pétales ; le Tablier ou Labelle d'un seul.

Tournefort avait basé sa classification sur la forme de la corolle (1694), malheureusement il crut devoir séparer les arbres d'avec les petites plantes. L'idée n'est bonne que pour la plantation d'un Jardin Botanique ; faute d'y avoir pensé à Genève, les grands arbres on fait un vide trop large à leurs pieds. Tournefort avait précisé 22 classes : presque tous leurs noms sont, maintenant, connus de vous, car ils désignent les grandes familles que vous venez d'entrevoir :

Campanulées, Labiées. Personnées, Composées,
Rosacées, Caryophyllées, Papilionacées, Crucifères,
Ombellifères, Liliacées,
Apétales ordinaires et Apétales à chatons (Amentacées).

Note.—A propos de deux sujets, qui offrent de nombreuses analogies, on m'a demandé de désigner quelque ouvrage richement illustré, en couleurs, livre d'étrennes ou de prix : les Fleurs et les Oiseaux. Avec les Papillons, la trilogie serait complète. Tout dernièrement, je conseillais de choisir entre les belles planches de *Le Maout* et l'aimable botanique de *J. Macé*, l'auteur populaire de cette « bouchée de pain » que je recommande si souvent. Mais voici que, splendidement illustrés, viennent de paraître un grand nombre de publications, des traités, des flores, entre lesquelles je saurai, à l'occasion, vous guider. Quant aux Oiseaux, je demeure fidèle à mon honoré prédécesseur au Lycée de Lyon, *E. Mulsant*, un disciple souriant des Castel et des Delille, prodiguant la bonne grâce dans toute son Ornithologie et jusque dans le titre : « Lettres à Julie ».

VIIIe LEÇON

FIN DE LA FLEUR — LE FRUIT

X. — Étamines. — Chacune d'elles consiste en un Filet qui supporte une Anthère. Celle-ci est un double sac, dont les 2 moitiés sont réunies par le Connectif où s'insère le filet ; le connectif s'allonge chez la sauge en fléau de balance. Une anthère sans filet est dite sessile (pin) ; un filet sans anthère est un Staminode stérile. Quand l'anthère est mûre, elle éclate et lance le Pollen fécondant, soit par une fente, soit par des trous (pomme de terre),soit par une soupape ou lucarne (épine-vinette, cannellier).Le **Pollen** est souvent jaune, ce qui a fait croire à des pluies de soufre au voisinage des forêts de sapins ; mais il a aussi d'autres couleurs. Deux enveloppes, l'externe dure, hérissée ; l'interne tendre, protègent une matière liquide, granuleuse, la Fovilla. En présence d'un liquide, plus spécialement au contact de l'humeur gluante du stigmate, le grain de pollen s'allonge en **tube pollinique**. Il doit traverser le style, le sommet de l'ovaire et pénétrer un ovule,pour que celui-ci devienne graine (par la formation d'un embryon), pendant que l'ovaire devient fruit. Quand le printemps est trop pluvieux, le pollen mouillé forme des tubes polliniques perdus. Nous parlerons des fleurs aquatiques.

Linné a basé son Système artificiel de classification sur les étamines et les pistils : leur nombre, leur soudure, leur mode d'insertion (1736).Ce système commode rendit de grands services à la science (ainsi la 7e classe renfermait les plantes qui ont 7 étamines en attendant la Méthode Naturelle due à de Jussieu: classification basée sur le plus grand nombre de caractères, en commençant par le premier de tous, le nombre des cotylédons. Sur les 24 classes de Linné, une dizaine d'expressions importantes doivent être retenues. Les voici : 1° Quand la fleur possède **2 grandes étamines** et 2 petites, elles sont dites **Didynames : 2+2** ; c'est le cas de presque toutes les Labiées (menthe) et les Personnées (mûflier). 2° La fleur est dite **Tétradyname** quand elle a **4 grandes étamines** et 2 petites. Ex. : les Crucifères : giroflée, chou. 3° Si les étamines sont soudées par leurs anthères, en une sorte de couronne, la fleur est dite **Synanthérée** ; c'est le cas de toutes les Composées : dahlia, bleuet. 4° Si les filets sont soudés en un seul cylindre,comme dans la mauve,la fleur est **Monadelphe** : et si la soudure forme 2 faisceaux, la plante est **Diadelphe**, comme le pois (9+1) et plusieurs autres Papilionacées. 5° Avec Linné, on attache toujours beaucoup d'importance à l'insertion des étamines, car c'est un bon caractère de la Classification Naturelle. On note donc si les étamines sont soudées ou non, à la corolle. Quand elles sont insérées au-dessous du gynécée, sous un ovaire Supère, elles sont dites Hypogynes (lys). Quand elles sont insérées au-dessus d'un ovaire Infère, elles sont dites Périgynes (iris).

6° Les végétaux DICLINES ont des fleurs incomplètes, unisexuées, soit staminées, soit pistillées. On les nomme **Monoïques**, quand ces deux genres de fleurs sont sur le même pied (pin, noisetier, melon) et **Dioïques**, lorsque la plante, complètement d'un seul sexe, comme les animaux supérieurs, ne possède qu'une seule sorte de fleurs : dattier, vallisnérie, chanvre. La 24° classe de Linné, était la Cryptogamie.

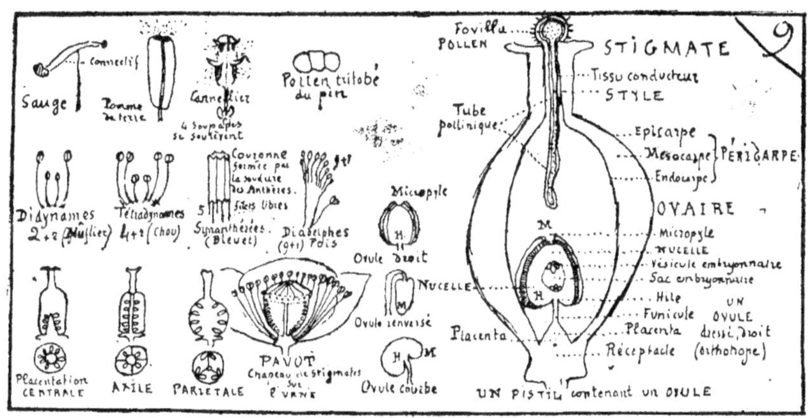

XI. — PISTIL. — L'ensemble des pistils d'une fleur constitue son Gynécée. Le plus souvent, il n'y en a qu'un. Le pistil est formé par la soudure de feuilles modifiées, enroulées en cornet, les carpelles. De sorte qu'on y trouve les 3 régions d'une feuille, un parenchyme entre 2 épidermes. Cet ensemble constituera le **Péricarpe** du fruit : en grec Carpos signifie FRUIT (et poignet). Un parenchyme cellulaire, le Mésocarpe, entre deux épidermes, l'Epicarpe externe, l'Endocarpe interne. Quand on mange une pêche, on enlève l'Epicarpe (peau), on mange le Mésocarpe (chair) et l'on jette le noyau (Endocarpe) avec l'amande qu'il abrite. Les Ovules, ou œufs végétaux, sont insérés sur le **Placenta** qui les nourrit. Le mode d'insertion est dit *Central*, quand le placenta se dresse dans un ovaire à une seule loge, soit en cône, soit en colonne : primevère. La placentation est *Axile* quand l'axe central, qui sépare les loges de l'ovaire, reçoit les ovules : lys. Si les placentas se dressent dans les parois de l'ovaire, la placentation est *Pariétale* : pavot.

XII. — Ovule. — L'œuf végétal est protégé par 2 membranes, sauf en une région où la rentrée de ces 2 deux enveloppes forme un petit canal, le Micropyle. Le noyau central, ou **Nucelle**, se creuse d'un Sac embryonnaire, avec liquide et 3 cellules spéciales, la **Vésicule embryonnaire** entourée de 2 auxiliaires, les deux Synergides. Quand le grain de pollen est arrivé sur le stigmate, amené par la pesanteur, le vent, ou les insectes, il s'allonge et forme un tube pollinique. Celui-ci traverse le style, le sommet de l'ovaire, le micropyle d'un ovule, le nucelle et se met en relation avec l'une des 2 synergides. Un **Embryon** sera formé par la **Vésicule embryonnaire**; l'ovule deviendra graine et l'ovaire fruit. Le rôle des insectes est précieux. Darwin a montré le rôle indispensable des bourdons dans la fructification du trèfle. Certains végétaux ne sont fécondés que grâce au concours de certains insectes. L'aristoloche emprisonne ses visiteurs ; l'iris leur offre les tapis pelucheux de son calice. En Provence, on secoue des rameaux sauvages de figuier, au-dessus des figuiers cultivés, afin de faire tomber une multitude de Cynips, petits insectes qui contribuent à faire grossir et mûrir les figues : c'est la Câprification.

La fécondation des plantes Aquatiques est fort intéressante, puisque l'eau fait éclater le pollen. Les unes secrètent des bulles d'air qui garantissent le pollen (renoncule) ; les autres s'élèvent momentanément au-dessus de l'eau (nymphéa). Les poètes ont chanté la Vallisnérie, plante dioïque du midi de la France. Une longue spirale se déroule pour permettre à la fleur pistillée de venir flotter. Les fleurs staminées se détachent de leurs courts épis, montent à la surface, nagent parmi les pistils, sont entraînées par le courant, tandis que la contraction de la spirale ramène au fond de l'eau les pistils fécondés.

L'intervention de l'homme assure l'abondance des récoltes et la richesse des arbres fruitiers, en portant directement le pollen sur les stigmates avec des pinceaux, des brosses. Entre espèces voisines le croisement est possible, comme pour le greffage, tandis qu'il ne l'est pas entre genres différents. Des milliers d'Arabes vont en caravane chercher des rameaux staminés, afin de les placer au sommet des dattiers pistillés qui constituent leurs meilleure ressource. — **Note**. L'ovule s'attache au placenta par un cordon, le

Funicule, qui produit une légère dépression au sein de l'ovule, le **hile**. On connaît des ovules droits, et d'autres courbés en rein, comme le haricot : mais l'ovule le plus répandu est renversé, micropyle contre hile.

LE FRUIT

I. — Introduction. — Pendant que les ovules fécondés se convertissent en graines, l'ovaire s'accroît pour les protéger et pour les nourrir. Le **Fruit** résulte du développement d'un pistil fécondé et des ovules qu'il contenait. La paroi est constituée par une feuille carpellaire ou plusieurs ; on y distingue les 3 régions des feuilles. Le péricarpe du fruit consiste en un parenchyme, le Mésocarpe, entouré de 2 épidermes, Epicarpe et Endocarpe. Suivant que ce tissu se dessèche ou se gonfle, le fruit est **sec** ou **charnu**. Dans le premier cas, s'il renferme beaucoup de graines, il facilite leur dissémination en s'ouvrant avec violence. Et s'il est charnu, il contribue à nourrir le nouveau végétal quand la graine a germé. On distingue les fruits à un seul carpelle de ceux qui en ont plusieurs. Le fruit Simple provient d'un pistil unique, le fruit Multiple des divers pistils que peut contenir une fleur, et le fruit Composé des nombreuses fleurs de toute une inflorescence.

II. — Fruits charnus. — Leur peau, ou pelure, représente l'Epicarpe ; leur chair, le parenchyme du Mésocarpe. Quant à l'Endocarpe, il est très dur dans la cerise, corné dans l'amande, cartilagineux dans les loges de la pomme, et il se confond avec le mésocarpe succulent dans le raisin et le melon. **1º La Drupe**, ou fruit à noyau, n'a d'ordinaire qu'une seule loge, avec un seul noyau, parce qu'elle provient d'un seul carpelle. Cerise, prune, abricot, pêche ; amande ; datte, olive. On nomme *Brou* la chair amère de la noix et de l'amande. Les graines sont uniques, grandes et souvent parfumées ; elles servent à faire le kirsch, l'eau de noyaux. Mais il faut craindre le redoutable poison que plusieurs renferment : l'acide Prussique. **2º La Pomme** ou **Mélonide** est le fruit à pépins réguliers, rangés dans 5 loges cartilagineuses qui représentent l'Endocarpe. Les débris du calice forment les 5 dents qui couronnent, au sommet, l'**œil** de la pomme et de la poire. On ne mange la nèfle que lorsqu'elle est blette, ses loges sont dures, ligneuses. **3º La Péponide** est le fruit des cucurbitacées, melon, cornichon. Coriace à l'extérieur, la chair devient de plus en plus tendre vers le centre qui se creuse profondément. Mésocarpe et endocarpe se confondent, comme dans la baie. **4° La Baie**, molle, pulpeuse dans l'aubergine et la tomate, juteuse dans le raisin et la groseille. Elle renferme de nombreux pépins épars, sans apparence de loges. Les baies de la belladone et de la pomme de terre sont vénéneuses ; on mange celles de l'arbousier et du cactus-raquette, ou figue de Barbarie. **5° L'Hespéridie** : orange, citron, cédrat. La région jaune « de l'écorce » criblée de glandes parfumées, représente l'Epicarpe, et la région blanche le Mésocarpe. La fine pelure qui vient ensuite est l'Endocarpe. Donc les Quartiers succulents sont une production supplémentaire, dérivée de l'endocarpe, destinée à protéger les graines. Ces 5 fruits sont SIMPLES ; ils proviennent d'un seul pistil.

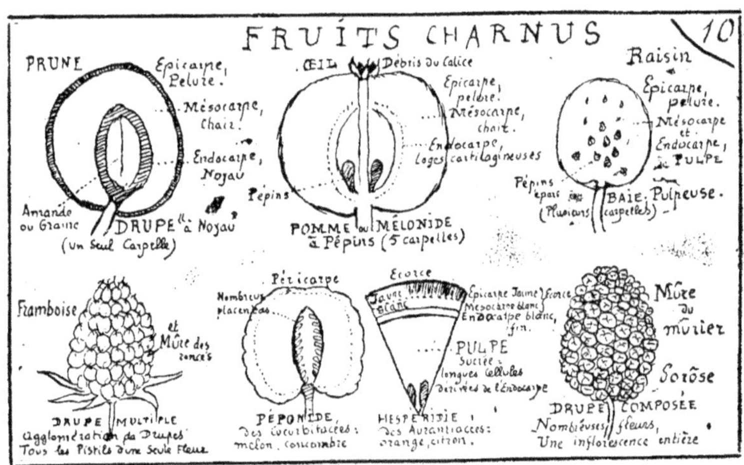

Les fruits MULTIPLES sont les agglomérations formées par les nombreux pistils d'une même fleur : ainsi la Framboise et la Mûre des ronces sont des ensembles de drupes. Un fruit COMPOSÉ provient d'une inflorescence entière, c'est-à-dire de plusieurs fleurs telle est la Mûre du mûrier dont les calices, eux aussi deviennent charnus. Tel est l'Ananas dont on mange, avec l'agrégation des fruits, la base des bractées et l'axe ou réceptacle. **7° Les Porte-fruits charnus** ou **Réceptacles succulents** sont représentés par la Fraise, couverte de petits fruits secs ; la Figue dont on mange le receptacle creux et les petites drupes qu'il renferme (sycône). Charnus ou secs, on nomme INDUVIÉS, les fruits qui sont **renfermés** soit dans le receptacle (calycanthus) soit dans le calice (coqueret) soit dans un involucre de bractées (châtaigne) ou une simple cupule (gland). Les Gymnospermes par définition même (ovules nus) n'ont pas de fruit, puisqu'ils n'ont pas d'ovaire. Leurs graines sont logées à la base d'écailles disposées en cône; l'ensemble constitue la « *Pomme* » du pin, le **Strobile** (*dressé*) du sapin et (*pendant*) de l'épicéa, bien plus répandu dans nos parcs; le **Galbule** arrondi du cyprès. Le genévrier possède une « fausse baie » à involucre charnu qui enveloppe les deux tiers de la graine on en retire le genièvre ou gin. L'if et le gingko ont de fausses drupes: on mange la première, dont on rejette la graine vénéneuse; c'est l'inverse pour la seconde, dont l'amande est recherchée.

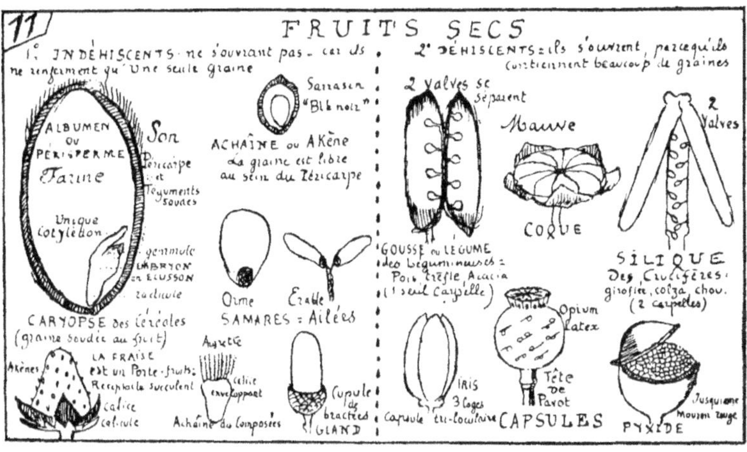

III. — FRUITS SECS INDÉHISCENTS. — Ils n'éclatent pas quand ils sont murs, parce qu'ils ne renferment qu'une seule graine. **1° Caryopse.** La graine est soudée au péricarpe sec : c'est le fruit, « le grain », des céréales, blé, avoine, à périsperme farineux. **2° Achaîne.** La graine est libre au sein du fruit : sarrazin ou blé noir; les véritables petits fruits du fraisier, distribués régulièrement sur le receptacle conique. Le receptacle en urne de la rose loge de petits achaines; il passait pour guérir la rage (**Cynorrhodon**). **3° La Samare ailée** est un achaîne dont le péricarpe se prolonge, pour faire voltiger la graine. C'est le cas de très beaux arbres, qui produisent énormément de fruits, ayant besoin d'être disséminés; sinon ils étoufferaient l'arbre en germant autour de lui : orme, frêne; érable à double samare; ailante; lune du pape. Les achaînes multiples des composées sont disséminées grâce à l'*aigrette plumeuse* qui surmonte leur calice persistant: pissenlit, sèneçon. **4° Le Gland** ne contient qu'une graine par suite de l'avortement des autres; sa base est logée dans une Cupule de bractées.

IV. — **Fruits secs déhiscents.** — Ils s'ouvrent quand ils sont murs et, souvent ils éclatent violemment, afin de lancer au loin les nombreuses graines qu'ils renferment. La baisamine est dite « impatiente, n'y touchez pas » parce qu'elle éclate lorsqu'on la touche. Quelques fruits ont de véritables ressorts élastiques. Le Sablier crépitant d'Amérique détone comme un pistolet. **1º Le Follicule**, formé d'un seul carpelle, n'a qu'une loge et ne se fend que d'un côté, partageant les graines en 2 rangées : pivoine. **2º La Gousse ou Légume** n'a aussi qu'une loge, mais elle s'ouvre par 2 fentes, en **2 valves**, entre lesquelles la rangée de graines se distribue régulièrement. C'est le véritable Légume dans le sens botanique ; ce fruit caractérise la famille des *Légmineuses* ou *Papilionacées* : haricot, pois, *trèfle*, acacia. La Vanille possède une gousse parfumée; celle du catalpa est très longue. **3º La Silique** caractérise les crucifères : giroflée. moutarde, chou. Elle est partagée tardivement par une « fausse cloison » qui réunit les 2 rangs de graines, et elle s'ouvre de bas en haut en 2 valves. Si elle ne contient qu'une graine elle est indéhiscente: pastel : **4º L'Elatérie** est formée par la soudure incomplète de plusieurs carpelles, qui se séparent en autant de *Coques*, à déhiscence violente : mauve.

5º Une Capsule résulte de la soudure totale de nombreux carpelles formant autant de loges distinctes. Tantôt les loges se fendent sur le dos (lys, tulipe) ; tantôt la rupture a lieu près des cloisons séparatrices (liseron, datura) ; parfois ces cloisons se dédoublent, ce qui isole les loges qui s'ouvrent ensuite (tabac, digitale) ; ou bien les graines s'échappent par des trous (pavot, réséda). **6º La Pyxide** ressemble à une bonbonnière ou une tabatière ; la moitié supérieure se soulève en couvercle : mouron rouge, jusquiame. — Nous venons de nommer les fruits les plus utiles de nos climats tempérés. Nous n'insisterons pas sur ceux des pays chauds : bananes, goyaves, jamboses * . Le palmier Elaïs produit l'huile de palme et le Cirier fournit une cire de luxe. Citons encore le poivre, les piments, le jujube, la pistache ; et les baies du Nerprun qui donnent des couleurs vertes utilisées en teinturerie.

Lecture. — Sur quelques fruits * des tropiques.

IXᵉ LEÇON

GRAINE OU ŒUF VÉGÉTAL

I. — Dissémination. — Beaucoup de végétaux produisent, chaque année, une multitude de graines ; on évalue à 36.000 les semences d'un pied de tabac, et à 300.000 celles de l'orme. Il faut donc qu'elles soient disséminées sur un large espace, sinon elles s'étoufferaient mutuellement. **1º La Déhiscence** des fruits est un premier moyen, surtout si elle est impétueuse, comme celle de la balsamine, du géranium, du genêt, du sablier crépitant. Le Concombre d'âne lance un mélange de graines et de liquide sur ceux qui le touchent. Parfois, pour faciliter la projection des semences, un ressort se détend : *l'élatère.* **2º Le Vent** fait voltiger les fruits et les graines qui ont des *ailes* (samare du quinquina, graine ailée du pin) ou des *aigrettes* (achaines des Composées), ou des *lanières* (erodium), ou des poils formant un *duvet,* comme sur le saule, le peuplier, le **cotonnier**. Le Contre-alizé a transporté des Antilles en Suède des graines qui ont germé. **3º La Pluie** favorise la dissémination ; **4º L'Océan** aussi. Le courant du Gulf-Stream amène jusqu'aux Açores des graines d'Amérique, ce qui a contribué à décider Christophe Colomb à entreprendre son voyage mémorable. Les fruits des Ciriers américains voguent sur l'océan ; l'énorme *Coco des Seychelles* est transporté régulièrement aux Maldives et aux Indes. **5º Les Animaux** disséminent les graines. Les crochets de la benoîte, de la bardane, de l'anémone s'attachent à la toison des moutons. Les graines gluantes du **gui** sont, malheureusement pour nous, transportées par les oiseaux ; celles de la Muscade par les colombes ; celles du Cannellier par une grive. Enfin **l'Homme** intervient de plus en plus, semant les bonnes plantes, détruisant les mauvaises, et cherchant, surtout depuis deux siècles, à acclimater les espèces remarquables par leur utilité ou leur beauté.

II. — Structure. — La graine résulte du développement d'un Ovule, fécondé par le pollen. On y retrouve donc les diverses régions de l'ovule, y compris le *hile* qui forme l'ombilic blanc du marron d'Inde. La partie essentielle qui s'est organisée avec le concours du tube pollinique est l'Embryon, le Germe du futur végétal. **1º Les 2 Téguments** ou Enveloppes sont l'un externe coriace, le 𝕿esta (bouclier) ; l'autre interne, tendre, le 𝕿egmen. Quand on mange une noix, une amande, on enlève toujours le testa jaune, et parfois la fine pellicule blanche du tegmen. Ces 2 enveloppes ont souvent des **dépendances** ; telles sont la pulpe sucrée de la grenade ; la chair parfumée de la Noix Muscade et du Litchi, les aigrettes de l'épilobe, le **coton du cotonnier**, du saule, du peuplier. **2º L'Amande** formée d'un embryon, avec ou sans albumen, représente le nucelle. **L'Embryon** est un végétal en miniature composé d'une PLANTULE, soudée aux COTYLÉDONS. On y distingue très bien la future racine, ou Radicule, surmontée par la Tigelle et la Gemmule verdâtre qui produira les premières feuilles. Pour nourrir la Plantule à ses débuts, la nature lui donne des **provisions** au sein des cotylédons et de l'albumen. Si les cotylédons sont gros, l'albumen manque (haricot) ; si les cotylédons sont petits, et surtout s'il n'y en a qu'un, l'albumen est nécessaire (blé).

(1) Les COTYLÉDONS sont des Sacs nourriciers, soudés au germe, faisant partie intégrante de l'embryon. On les considère comme des feuilles modifiées. Parfois leur structure est foliacée ; ils sortent de terre, verdissent, et ils ont un bourgeon à leur aisselle. Aussi les surnomme-t-on *Feuilles Séminales* ou *Embryonnaires*. Vous avez vu, à chaque leçon, quelles différences profondes séparent les végétaux, suivant qu'ils ont **un, deux**, ou plusieurs cotylédons. Sapins et autres conifères, pluricotylédones, en ont une douzaine, mais d'autres Gymnospermes n'en possèdent que un ou deux. Chez les Monocotycédones, l'unique cotylédon est une sorte de feuille engaînante, qui embrasse la gemmule. Les séminules des parasites (gui, cuscute) et des Cryptogames sont Acotylédones (sans cotylédons). — **(2) L'Albumen** vient en aide aux cotylédons pour nourrir la plantule, mais il ne se rattache pas à elle, il ne fait pas partie de l'embryon. D'ordinaire il l'entoure, et mérite le surnom de **Périsperme**. Dans la famille des œillets, l'albumen est entouré par un embryon courbé ; alors on le surnomme *Endosperme*. Ainsi la graine, ou *Œuf Végétal*, offre de nombreuses analogies avec l'*Œuf Animal*. Dans tous deux, à côté du germe, sont accumulées des provisions nutritives : cotylédons et albumen pour la plantule ; Vitellus et Jaune, Albumen ou Blanc pour l'animal. Tous deux sont le siège d'une *Vie latente* qui n'est pas l'absence de toute vitalité, car ils respirent d'une manière appréciable. Enfin, pour se développer, tous deux réclament le concours de l'air, de l'humidité et de la chaleur.

III. — GERMINATION. — Pour qu'une graine puisse germer, il faut qu'elle ait acquis, et qu'elle ait conservé la **Faculté germinative**. Chez un petit nombre de plantes, cette faculté est précoce ; la graine du Manglier germe dans le fruit avant qu'il soit tombé ; le fruit de l'arachide s'enterre spontanément ; on doit semer immédiatement le café, le laurier, qui perdent très vite la faculté de germer. Le haricot conserve ce pouvoir pendant 60 ans ; les Céréales plus de 5 siècles, ainsi que les Légumineuses. Des graines trouvées dans les Pyramides et dans les tombes gallo-romaines ont germé, et comme le froment égyptien a été fort beau, on s'explique assez la vogue dont a joui « *ce blé des Momies* ». La dessication, la chaleur, le froid suspendent la faculté germi-native. Tant qu'on prive la semence d'une partie de ce qui est nécessaire à son développement, air, humidité, chaleur tiède, son existence demeure latente comme celle des arbres en hiver, mais elle est prête à se réveiller sous les influences favorables, et sur-tout au printemps qui réalise les 3 conditions principales.

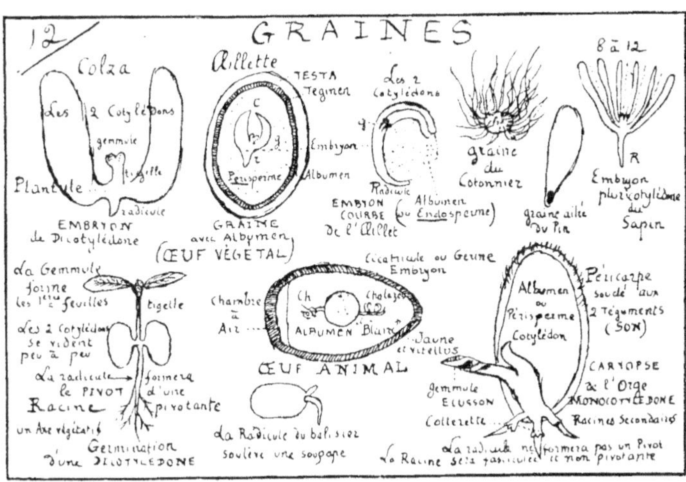

1° **Chaleur.** En moyenne de 15 à 25° mais pour le cresson 1° et pour l'arachide 35°. **2° Eau.** Elle ramollit les téguments, gonfle la graine, puis agit chimiquement. On facilite sa pénétra-tion en perçant les noyaux durs, ou, tout au moins, en les usant sur un côté. La radicule du balisier pousse une petite soupape. **3° Oxygène.** Son rôle est de première importance. Il faut donc aérer le sol, aussi bien pour les graines que pour les racines, avec la charrue et la bêche. Très compliquée, la germination rappelle, à la fois, la respiration et la digestion. La graine renferme dans ses cotylédons et son albumen, des **provisions** d'amidon, de fécule, d'huile, d'albumines végétales, etc. Ces substances insolu-bles sont rendues absorbables grâce aux Ferments qui s'organisent ; c'est presque une digestion. Et comme la plupart des provisions sont transformées en **sucre**, on a coutume de dire que la petite plante vit de sucre à ses débuts. Dans ces transformations, l'oxygène joue le premier rôle, il agit comme dans la respiration : il fait brûler certains principes, ce qui produit du gaz Co^2, de l'eau, et une chaleur considérable. — **Ex** : le brasseur fait germer l'**orge** jusqu'à ce qu'elle ait formé assez de Ferment (Diastase) pour convertir, ultérieurement, son amidon en sucre. Cette germination s'effectue sur des planches, dans un vaste germoir que l'on doit ventiler avec soin, car *il se remplit de gaz carbonique, et sa température deviendrait très élevée.* Le brasseur place et agite dans l'eau chaude, à 75°, son orge germée ; tout l'amidon se transforme en glucose. Ce moût sucré, il l'aromatise avec les cônes pistillés du **houblon** ; puis il lui fait subir la fermentation alcoolique, en ajoutant le plus connu des ferments, **la levûre de bière**. Ainsi le sol n'est pas indispensable : vous ferez germer des graines dans le sable, le coton, la mousse ; mais, en principe, il est évident que les qualités d'un champ favorisent la germination des graines qu'on lui confie.

Pendant que la Radicule traverse le micropyle et descend dans la terre, comme si la pesanteur, l'obscurité et l'humidité l'attiraient la Tigelle s'élève vers la lumière, la Gemmule s'épanouit en folioles que verdit la chlorophylle. Chez les Dicotylédones racine et tige, placées bout à bout, forment un *Axe végétatif*, et la racine principale constitue le pivot d'une racine pivotante. Chez les Monocotylédones, au contraire, il n'y a pas d'Axe végétatif, car la gemmule ne fait pas suite à la radicule. Cette radicule qui a déchiré une sorte de collerette, cesse bientôt de s'accroître ; elle est entourée et remplacée par des racines secondaires ; bref, la racine ne sera pas pivotante, elle sera fasciculée. A mesure que les provisions s'épuisent, les Cotylédons se dégonflent et se déssèchent ; parfois, entraînés hors du sol, ils verdissent et constituent les premières feuilles. Un moment arrive où la Plantule possède assez de radicelles et de chlorophylle pour se nourrir, directement, dans la terre et dans l'air : elle est devenue un **nouveau végétal**, capable désormais de se suffire à lui-même.

IV. — Utilités. — **1° Graines comestibles**. On ne peut indiquer ici que les principales. Et d'abord, celles des céréales, en remarquant que ce que l'on nomme *Grains* du blé, de l'orge, du riz, etc., ce sont de véritables fruits, *des Caryopses.* Par le blutage on élimine le **Son**, c'est-à dire l'ensemble du péricarpe et des téguments ; on élimine aussi l'embryon, et l'on obtient la **Farine** qui représente l'albumen ; elle est formée de 72 o/o d'amidon et de glucose, 14 de gluten, 4 de corps gras et de sels, 10 o/o d'eau ; de sorte que la composition moyenne du **pain** est : amidon 52, gluten 12, corps gras 1, sels 2, eau 33. Le centre du périsperme est le *gruau*, très fin, très blanc, mais moins nourrissant que l'extérieur où domine le gluten, et dont la présence rend le pain plus nutritif et légèrement bis. On mange l'achaîne du Sarrazin ou blé noir, et les graines des Légumineuses : haricot, pois, lentille. C'est l'albumen du **café** qui forme le principe parfumé ; amande, noix, châtaigne ; cacao, coco, pin pignon ; anis, cumin, arec, muscade.

2⁰ **Oléagineuses**. — En écrasant leurs graines, on retire l'huile de nombreuses plantes : colza (embryon), navette, arachide, caméline, sésame, pavot-œillette (albumen), lin, ricin, croton. **3⁰ diverses** : les graines du cotonnier sont protégées par le **Coton**; on utilise celles de la moutarde. Un albumen est aussi dur que l'ivoire ; c'est « l'ivoire végétal » du Phytelephas.

Note : Nous terminons ici la première partie du cours, intitulée **Vie des végétaux**, organisation, nutrition, reproduction des plantes. Le temps ne nous permet pas d'étudier les questions traitées dans les Leçons XI et XII de mon TOME II : voici l'aperçu du Sommaire : **culture, zônes, géographie botanique** ; terre arable ; amendements, engrais ; importance de l'Azote et du phosphore ; insectes nuisibles aux cultures : influence de la lumière, de la chaleur, de l'altitude sur la végétation. **Zô**nes de cultures de l'Olivier, de la Vigne, des Céréales, des Paturages, des Forêts. Centres de végétation. Flores, Acclimatations, Serres. Un jardin botanique. Arbres géants, Herborisations. J'en détacherai 2 pages qui pourront vous intéresser : *les Arbres colosses et les Acclimatations*.

I. — ARBRES GÉANTS. — **1⁰** le *Tilleul de Morat* fut planté à Fribourg le jour de la victoire des Suisses à Morat, 1476, il a donc 420 ans. Près de cette pittoresque cité, aux ponts suspendus, vertigineux, le *Tilleul de Villars* a vécu 6 siècles ; il mesure 24 mètres de hauteur et 12 mètres de circonférence à sa base. Dans le Wurtemberg, le Tilleul de Newstadt se couronne d'un feuillage de 133 mètres carrés ; ses branches sont soutenues par plus de 100 piliers. **2⁰** Dans le canton des Grisons, à Trons, un Érable à 8 m, 5 de pourtour. **3⁰** Le *Chêne d'Allouville*, a vu 9 siècles ; sa tige, creuse, loge 2 chapelles à ses 2 étages. Près de Saintes le *Chêne de Montravail*, de 18 siècles, a 26 mètres de circuit; le tronc creux abrite une douzaine de convives. Dans les Vosges, le *Chêne des Partisans* s'élève à 33 mètres. **4°** A Dijon, le *Peuplier de l'Arquebuse* a 38 mètres de hauteur et 12 de circonférence. On admire les beaux ormes de Brignoles, de Gérardmer, de Litry, et tous les géants qui bordent le lac de Genève. Une parenthèse. Notre France est très riche en beaux arbres. Il suffit de ne pas fermer les yeux. Assurément vous serez satisfaits de parcourir les quelques kilomètres qui séparent Yvetot d'Allouville pour admirer le vieux chêne, aux 2 étages convertis en chapelles. Mais un ensemble de beaux arbres vous plaira plus encore qu'un colosse exceptionnel. Rien de plus grandiose que l'avenue des Sycomores conduisant au Tholonet, près d'Aix. Plusieurs villes, à commencer par Troyes, mettent des écriteaux indicateurs sur les arbres de leurs promenades. Dans les jardins botaniques de Lyon, de Bruxelles, etc., chaque arbre porte une petite carte du Vieux Monde ou du Nouveau Continent, avec une tache qui indique les limites de l'*habitat* du végétal. La forêt de Fontainebleau est splendide. A deux pas d'ici, St-Germain vous offre ses beaux chênes, Rambouillet ses cyprès chauves, Meudon ses hêtres pourprés. Sans interrompre vos jeux, admirez les ombrages de votre Luxembourg, et le marronnier des Tuileries qui fleurit au 20 mars. Plus tard vous les retrouverez, ces témoins de votre jeunesse, avec la joie dont je salue les arbres, plusieurs fois centenaires, qui ornent les remparts de Beaune.

5° Près du Mont-Blanc, on visite le *Mélèze* qui a grandi pendant 8 siècles, et le *Sapin des Chamois* qui en compte 12. Les Conifères occupent une des premières places, ainsi l'*If de Foullebec* a 13 siècles; celui de *Fortingall (Ecosse)* en a 30, et mesure 16 mètres de base. Parmi les *Cèdres du Liban*, on admet que 7 de ces doyens remontent au temps de Salomon ; en tout cas, la Syrie en possède qui dépassent 100 mètres. De même les *Cyprès chauves du Mexique*, âgés de 40 siècles, ont 20 mètres de base. **6°** Humboldt a mesuré les *Dragonniers d'Orotawa* (Ténériffe), dont les stipes se ramifient, ce qui est rare chez les monocotylédones, il leur attribue 4.000 ans : arbres trapus, ils ont 24 mètres de circuit, et 25 mètres de haut. **7°** *Les Eucalyptus d'Australie* atteignent 140 mètres, ils ont 30 mètres à la base, 14 mètres à un mètre de hauteur, et 4 mètres encore à 70 mètres d'élévation, et c'est alors qu'ils émettent leurs premières branches. **8°** *Le Sequoia de Californie* est encore plus colossal, surtout les 92 du Bosquet du Mammouth : 150 mètres de haut, 42 mètres de base, 40 siècles. **9°** Enfin le doyen est le *Baobab* mesuré par Adanson, en 1750, aux

Iles du Cap Vert ; trapus comme le dragonnier, ils ont 35 mètres de base et 30 mètres de hauteur ; ils vivent depuis 6.000 ans ! Ils ont vu le Déluge Biblique, et peut-être, la Période Glaciaire.

II. — ACCLIMATATIONS. — **1° La Pomme de terre**, solanée du Pérou, fut importée par Drake (1586) à titre de plante d'agrément ; elle constitue aujourd'hui la principale resource de l'Irlande. Pour vulgariser en France l'utile tubercule, il fallut le zèle obstiné de Parmentier (1773) ; aussi le végétal, considéré dans son entier, devrait-il être toujours nommé *Parmentière*. Le roi Louis XVI seconda le zélateur : un jour, il mit à sa boutonnière la modeste fleur. On cite un repas de propagande où tous les mets, depuis le potage jusqu'au dessert (et aux liqueurs), provenaient de la pomme de terre. A rapprocher du repas des langues, servi par Esope ; ou, mieux, de ces repas de l'Inde où tout provient du bambou, y compris la vaisselle, la table et le logis.

2° Le Tabac, solanée mexicaine, fut importé en 1518 ; on le considérait comme un remède, et on se bornait à le priser. Nicot, notre ambassadeur, offrit de cette poudre à Catherine de Médicis, qui la trouva à son goût et la mit à la mode. 1560. De là son surnom « d'Herbe à la Reine ». L'alcaloide terrible qu'elle contient est nommé Nicotine. **3° Le Caféier**, rubiacée d'Abyssinie, se répandit en Arabie où il constitue les plants les plus célébres : de Moka. Il fut acclimaté par les Hollandais dans leurs colonies de Ceylan et de Batavia. L'exportation en était rigoureusement interdite, comme celle des épices. Lorsque la paix d'Utrecht fut signée la Hollande offrit à Louis XIV un pied de Caféier. On le cultiva et l'un de ses rejetons, envoyé à la Martinique, devint le point de départ de nos riches plantations des Antilles. L'eau douce ayant manqué vers la fin de la traversée, le capitaine Déclieux partagea sa ration restreinte avec l'arbuste qui aurait succombé (1720). Les premiers cafés furent ouverts à Venise en 1615, à Paris en 1670.

4° Le Quinquina est une rubiacée de l'Amérique du Sud. Son écorce renferme le meilleur remède contre les fièvres, la **Quinine** On l'acclimate dans l'Inde et dans nos colonies, parce que l'enlèvement de l'écorce tue le végétal. Son nom vient de ce que la comtesse de Cinchone, vice-reine du Pérou, aurait succombé aux fièvres du pays, si elle n'avait su se concilier l'affection de ses sujets ils lui révélèrent le secret fidèlement caché jusqu'à cette époque. Par ses soins quelque plants furent apportés en Europe en 1639.

5° Le Poivrier est une pipéracée malaise, dont le nom vient de celui d'un gouverneur français des îles Mascareignes, Pierre

Poivre, né à Lyon; il réussit à détruire le monopole des Hollandais, en acclimatant dans nos colonies quelques plants dérobés à leur surveillance, 1767. **6°** **Le Robinier** ou **Faux Acacia** est une papilionacée de Virginie, importée par Robin (1633) qui planta le premier spécimen au Jardin des Plantes. Ce doyen vénérable, que vous visiterez avec intérêt, a été le père de nombreux rejetons qui se répandirent en France et en Europe. On s'intéresse aussi au premier **Sophora**. **7°** On admire au Muséum, le magnifique **Cèdre du Liban** qui fut rapporté d'Angleterre, alors qu'il n'avait que quelques centimètres, et aurait pu tenir dans un chapeau, par Bernard de Jussieu (1734), un coup de pistolet, dit-on, ou la foudre ont découronné l'axe primitif, qui cessa de grandir; mais les larges branches horizontales s'étendent avec les années, abritant les jeux de bien des générations. **8°** En 1684, Versailles reçut son premier **Oranger** surnommé « le grand Connétable » il avait été semé, en 1416, au palais de Pampelune, par Eléonore de Castille. La **tulipe** originaire de Cappadoce, a été importée au milieu du XVI siècle; on la cultive avec grand succès en Hollande. Les **Amaryllis** nous sont arrivées d'Amérique en 1593 ; le **Marronnier d'Inde** a été rapporté d'Asie en 1576. On assainit les régions marécageuses avec l'**Eucalyptus**. Le Paulownia et l'Ailante (Vernis) du Japon grandissent très vite.

Parmi les Botanistes célèbres et les Voyageurs auxquels la science est redevable, *Mathiole* a donné son nom à la fausse giroflée, *Césalpin* à toute une tribu de papilionacées, *Lobel* à la fraîche lobélie, *Fuchs* à l'éclatant fuchsia, *Gesner* à une petite famille voisine des bruyères, *Dorsten* au dompte-venin, ou dorsténia, *Lonicer* à un parent du chèvre-feuille, *Tradescant* à l'éphémère de Virginie, *Kamel* au brillant camélia, *Thunberg* à de jolies acanthacées orangées. C'est une longue et intéressante liste, où figurent la monarde, les cordiacées, les calcéolaires, l'alpinia, le rafflésia d'*Arnold*, etc. Parmi les plus illustres, *Magnol* est le parrain du magnolia vernissé et, par un contraste piquant, *Tournefort*, *Malpighi*, *Linné*, *de Jussieu* ont donné leurs grands noms à d'humbles végétaux. Quant au colossal Sequoia qui dépasse 150 m., les Anglais le nomment *Wellingtonia* et les américains *Washingtonia*.

Xᵉ LEÇON

CLASSIFICATION NATURELLE DES DE JUSSIEU

I. — ESPÈCE. — On nomme Espèce une suite indéfinie d'êtres qui se transmettent, de génération en génération, des *Caractères constants* : un ensemble d'individus qui se ressemblent entre eux, autant que chacun ressemble à ses parents et à ses descendants. Cette définition s'applique aussi bien aux végétaux qu'aux animaux. On groupe les espèces qui ont le plus d'analogies en **Genres**, ceux-ci en **Tribus**, les tribus en FAMILLES et celles-ci en *sous-classes*, **Classes, Embranchements**. Chaque Espèce reçoit deux noms : celui du genre et celui de l'espèce ; un nom générique et un nom spécifique. Cette nomenclature binaire, commencée par P. Belon (1555), fut généralisée par Linné. Ainsi, le genre Blé ou Froment (𝕿riticum) comprend de nombreuses espèces : le Blé ordinaire (𝕿riticum *sativum*), le Blé dur (𝕿riticum *durum*), l'Epeautre (𝕿riticum *pelta*), etc. On doit à Tournefort la conception nette du Genre ; à Tournefort et à Magnol, les premiers groupements en **Familles bien naturelles**. Les botanistes actuels en admettent 3oo. comprenant plus de 2oo.ooo espèces. Lorsque les soins du jardinage donnent de la fixité à certaines Variétés, elles constituent une Race *, le début d'une espèce nouvelle ; les degrés adoptés sont : 𝕾pecies, 𝕻rotes, 𝖁arietas, 𝖁ariatio.

II. — CLASSIFICATION. — Un **Système ou classification artificielle** ne repose que sur un petit nombre de caractères faciles à observer. Bien que ce mode de groupement rapproche des végétaux très dissemblables, et sépare des plantes douées d'affinités naturelles, il a rendu de grands services à la science, parce qu'il est commode, rapide. Ainsi, le **Système** *de Césalpin et de Ray* était basé sur la forme du fruit, celui de *Magnol* sur le calice et la corolle, celui de *Sauvages* reposait sur la disposition des feuilles. Le système de **Tournefort** (1694), basé sur les formes de la corolle, séparait les arbres d'avec les plantes herbacées, mais il a précisé de grandes familles. Celui de **Linné** (1736), basé sur le nombre des étamines, leur grandeur, leur soudure, leurs rapports avec le pistil, a rendu de très grands services.

Mais les systèmes sont artificiels, sont provisoires ; ils furent un acheminement vers la Méthode Naturelle. **Les de Jussieu** ont fait pour le règne végétal ce que Cuvier devait faire, 5o ans plus tard, pour le règne animal : la véritable classification.

Cette **Méthode Naturelle** repose sur le plus possible de caractères, en commençant par les plus importants, ceux qui sont *Dominants, Invariables,* car ils entraînent à leur suite, comme simple conséquence, un grand nombre de caractères secondaires. C'est ce que l'on nomme la subordination. Entrevue par J. Ray, pressentie par Linné, cette classification naturelle a rendu immortel le nom de **Bernard de Jussieu** qui appliqua sa nouvelle méthode à la plantation du Jardin botanique de Trianon (1759). Elle fut publiée et améliorée par son neveu, **Antoine-Laurent de Jussieu** (1789), et mise au niveau des découvertes de la science par Adanson, Lindley, de Candolle, Brongniart qui admit **68 ordres**. Mais, de même que les travaux récents et les découvertes de la Zoologie n'ont pas beaucoup modifié les grandes lignes établies par Cuvier pour le groupement des animaux, de même les progrès de la Botanique ont laissé debout l'œuvre des de Jussieu.

Les caractères dominants de la méthode naturelle sont, vous le savez : **1**° La présence ou l'absence de Fleurs à pistils et étamines, Phanérogames et Cryptogames. **2**° Le nombre des cotylédons de l'Embryon, Dicotylédones, Monocotylédones, Pluricotylédones : **3**° La présence d'un pistil protecteur des ovules, Angiospermes : ou, au contraire, l'absence d'un ovaire laissant les ovules à nu, Gymnospermes. **4**° La soudure, ou non, des pétales ; caractère important chez les dicotylédones : Gamopétales et Dialypétales. **5**° L'insertion des étamines et de la corolle, soit Périgynes au-dessus d'un ovaire infère (iris) soit Hypogynes au-dessous d'un ovaire supère (lys). **6**° La présence ou non d'un Albumen, venant en aide aux cotylédons de l'embryon. **7**° Le nombre des carpelles de l'ovaire, et des loges du fruit : **8**° Le mode de Placentation des ovules, Centrale, Axile ou Pariétale. Tels sont, dans **l'ordre décroissant**, les 8 caractères fondamentaux.

On conserve le non de CLASSES à 8 TYPES qui offrent une incontestable **unité de plan**, c'est-à-dire l'invariabilité des caractères dominants, avec toutes les modifications possibles des caractères secondaires. 4 de ces Classes forment les végétaux à fleurs ou **Phanérogames** ; ce sont les **Dicotylédones**, les **Monocotylédones**, les **Conifères**, et les **Cycadées**. Les 4 autres classes constituent les végétaux sans fleurs ou **Cryptogames**, ce sont les **Filicinées**, les **Muscinées**, les **Champignons** et les **Algues**. Sur 300 familles, nous ne pouvons en étudier, très sommairement, qu'une trentaine : nous commencerons par la Sous-classe des dicotylédones Gamopétales, ou Monopétales, à pétales soudés. Mais d'abord il convient de récapituler ce que nous avons appris au sujet des 4 Grandes Divisions adoptées dès la première leçon. Tel est l'objet du tableau ci-contre.

D'autre part, il est bon de récapituler ce que nous savons déjà concernant plusieurs grandes familles : je donne quelques exemples, et l'on continuera de vive voix. Les **Labiées**, avons-nous vu, ont une corolle *labiée*, en bouche ouverte ou double lèvre $\frac{2}{3}$ et leurs étamines sont *didynames* **2** + 2 : feuilles opposées, étagées en croix, et parfumées: menthe, sauge. Les **Personnées** ont une corolle en masque fermé $\frac{3}{2}$ et des étamines didynames **2** + 2 : muflier, paulownia. Les **Rosacées** ont une corolle en rosace ; beaucoup d'étamines que le jardinage convertit en pétales (rose double) ; elles dominent dans nos Vergers, elles nous donnent divers genres de fruits charnus : **drupe** (cerise) **mélonide** (pomme), *arupe multiple* (framboise); porte-fruits succulent (fraise). **Les Papilionacées** ou **Légumineuses** ont une corolle en papillon ; leur fruit est le légume ou gousse, étamines diadelphes 9 + 1. Feuilles *composées* de Folioles : pois, acacia, trèfle. Les **Ombellifères** ont une inflorescence en ombelle, *composée* d'ombellules, et des feuilles odorantes : cerfeuil, carotte. Les **Crucifères** ont 4 pétales en croix ; des étamines tétradynames **4** + 2 ; une silique, dont les 2 valves s'ouvrent de bas en haut: giroflée, chou. Les **Amentacées** ont des chatons, soit staminés, soit pistillés. Ce sont des plantes Diclines et Apétales : chêne, saule. Les **Composées** ?, c'est par elles que nous allons commencer.

Classe des Dicotylédones

Étudier les caractères généraux sur le **Tableau** ci-contre et sur la **Planche** 13.

SOUS-CLASSE des GAMOPÉTALES ou MONOPÉTALES

Les pétales sont soudés ; la corolle est d'une seule pièce ; elle porte les étamines, dont le nombre ne dépasse pas 10 (ou 8). Dans une 1re division le calice porte la corolle et les étamines, et il entoure l'ovaire. Pétales et étamines sont donc **Périgynes**, insérés au dessus d'un ovaire infère (Composées, Rubiacées). Dans la 2º, le calice est indépendant ; les pétales qui portent les étamines s'attachent au plateau, au-dessous d'un ovaire supère ; on les dit **Hypogynes** (Solanées, Personnées, Labiées).

LES 4 GRANDES DIVISIONS DES VÉGÉTAUX

Exemples

PHANÉROGAMES
véritables fleurs
à pistils et étamines
ou
COTYLÉDONES
l'Embryon de la
graine possède
au moins un
Cotylédon

ANGIOSPERMES — *Ovules renfermés dans un Ovaire. Graines contenues dans un Fruit.*

I. — DICOTYLÉDONES

	Exemples
L'Embryon possède 2 Cotylédons.	Poirier Prunier.
Fleur à calice vert. Symétrie 5 ou 4.	Cotonnier.
Feuilles à Nervures pennées ou palmées.	Palissandre.
Tige : tronc ramifié en branches.	Quinquina.
Zônes annuelles concentriques.	Érable, Platane.
Cœur central dur. Aubier tendre.	Figuier, Mûrier.
Racine : longue, pivotante.	Chêne, Saule.

DICOTYLÉDONES — Lilas Olivier.

II. — MONOCOTYLÉDONES

	Exemples
L'Embryon n'a qu'un seul Cotylédon.	Palmier, Dattier.
Fleur à calice coloré. — Périanthe	Ananas, Igname.
unicolore 3 + 3 ou Corolle liliacée.	Balisier, Yucca.
Feuilles à Nervures droites ou courbes,	Lys, Tulipe.
rectinerves ou curvinerves.	Oignon, Asperge.
Tige : **Stipe :** non ramifié : plus dur	Dragonnier.
sur le pourtour — Chaume, Bambou,	**Céréales.**
Rhizôme, Bulbe ; Hampe florale.	Arum, Sagittaire.
	Orchis, Vanille.

GYMNOSPERMES

III. — GYMNOSPERMES

	Exemples
Ovules à nu : pas d'ovaire.	**1° CONIFÈRES**
Graines libres : pas de fruit.	Pin, Sapin.
Cone protecteur de Bractées.	Cèdre, Mélèze.
1, 2, ou plusieurs *Cotylédons.*	Cyprès, Thuya.
Fleurs très simples, soit staminées ♂	Genévrier.
soit pistillées ♀.	If, Gingko.
Végétaux Diclines et Apétales.	Araucaria.
Feuilles dures, sombres, persistantes.	Gnetum.
Arbres **verts**, Résineux : sans	**2° CYCADÉES**
vaisseaux : à clostres aréolées.	Cycas.
	Dioon, Zamia.

IV — CRYPTOGAMES

Pas de fleurs : ni étamines, ni pistils.	**ACROGÈNES** — Leur tige s'allonge.
Semence sans embryon, sans cotylédons.	1° **Filicinées** vasculaires ; à Racines : Fougère, Prèle, Lycopode.
Anthéridies, Archégones : et des Spores.	2° **Muscinées**, Cellulaires ; Radicelles.
Frondes des fougères, portant les Spores.	**AMPHIGÈNES** — Accroissement périphérique. Ni tige, ni racine, ni vaisseaux.
Thalle des Lichens, Mycelium et chapeau des champignons.	3° **Champignons** et Lichens. 4° **Algues.**

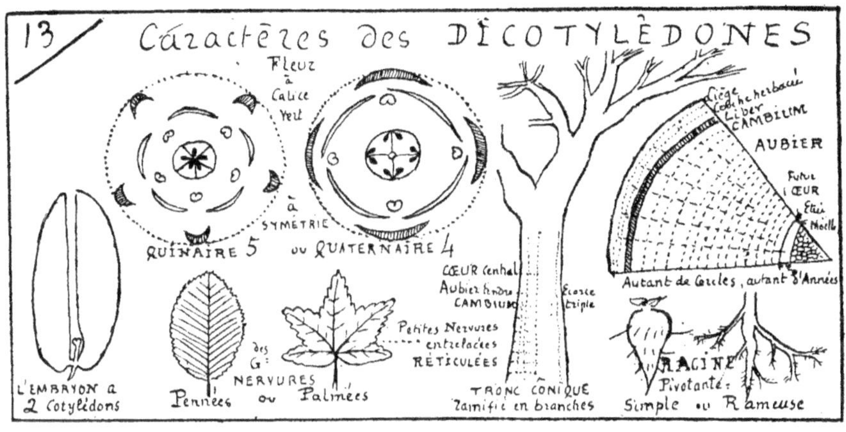
13
Caractères des DICOTYLÉDONES
Fleur à Calice vert
à SYMÉTRIE
QUINAIRE 5   ou QUATERNAIRE 4
L'EMBRYON a 2 Cotylédons
des NERVURES
Pennées   ou   Palmées
CŒUR central
Aubier tendre
CAMBIUM
Écorce triple
Petites Nervures entrelacées RÉTICULÉES
TRONC CONIQUE ramifié en branches
Tige fine herbacée
Liber CAMBIUM
AUBIER
Futur CŒUR
Étui Moelle
Autant de Cercles, autant d'Années
RACINE Pivotante
Simple ou Rameuse

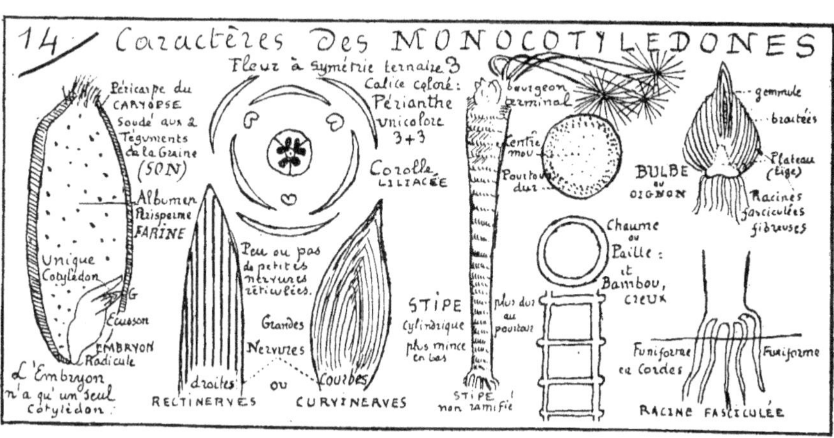
14
Caractères des MONOCOTYLÉDONES
Fleur à symétrie ternaire 3
Calice coloré: Périanthe unicolore 3+3
Corolle LILIACÉE
Péricarpe du CARYOPSE Soudé aux 2 Téguments de la Graine (SON)
Albumen Périsperme FARINE
Unique Cotylédon
Écusson
EMBRYON
Radicule
L'Embryon n'a qu'un seul cotylédon
Peu ou pas de petites Nervures réticulées.
Grandes Nervures
droites   ou   courbes
RECTINERVES   CURVINERVES
STIPE Cylindrique plus mince en bas
STIPE non ramifié
bourgeon terminal
Centre mou
Pourtour dur
plus dur au pourtour
Chaume ou Paille et Bambou, CREUX
BULBE ou OIGNON
gemmule
bractées
Plateau (tige)
Racines fasciculées fibreuses
Funiforme en Cordes   Fusiforme
RACINE FASCICULÉE

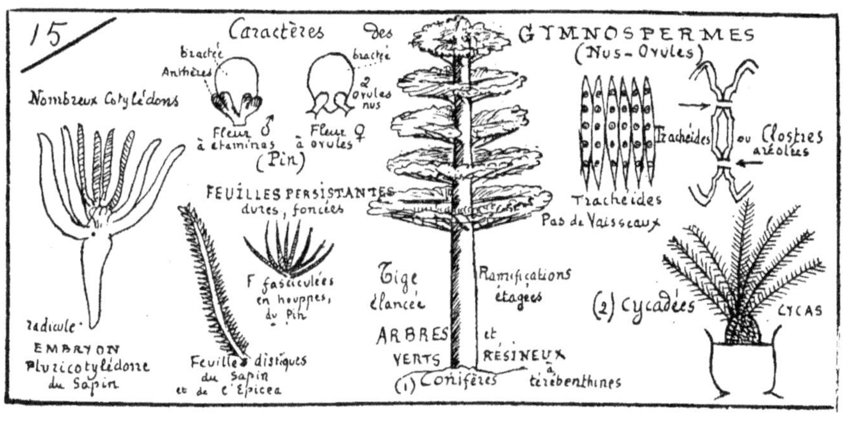
15
Caractères des GYMNOSPERMES
(Nus-Ovules)
Nombreux Cotylédons
Anthères
bractée
Fleur ♂ à étamines
bractée
2 Ovules nus
Fleur ♀ à ovules
(Pin)
FEUILLES PERSISTANTES dures, foncées
F. fasciculées en houppes, du Pin
radicule
EMBRYON Pluricotylédone du Sapin
Feuilles distiques du sapin et de l'Épicéa
Tige élancée
ARBRES VERTS
Ramifications étagées
RÉSINEUX à térébenthines
(1) Conifères
Trachéides ou Clostres aréolées
Trachéides
Pas de Vaisseaux
(2) Cycadées
CYCAS

I. — FAMILLE DES COMPOSÉES OU SYNANTHÉRÉES

I. — Caractères généraux. — **1**º L'inflorescence est un Capitule, agglomération de fleurs sessiles (sans pédoncule) sur le large réceptacle, que protège un involucre de bractées. Le bleuet n'est pas une fleur, c'est l'ensemble d'une centaine de fleurs. **2**º Ces fleurs sont de deux sortes : des Fleurons réguliers, tubuleux, à 5 dents, 5 pétales soudés ; et des Ligules, ou demi-fleurons irréguliers, dont une partie s'allonge en une large lame. **3**º Cinq étamines Synanthérées, soudées par leurs anthères, en une couronne que traverse le style, qui bifurque en 2 stigmates. **4**º A chaine entouré du calice écailleux, ou à aigrette, pour voltiger. Il renferme une seule graine, libre, non soudée au péricarpe. **5**º Les feuilles sont alternes, sans stipules. 6º C'est la Famille la plus importante, la plus répandue ; elle compte pour $\frac{1}{7}$ dans la végétation du globe, pour $\frac{1}{6}$ dans la Flore française. Elle ne renferme ni arbres, ni arbrisseaux, mais quelques sous-arbrisseaux et des plantes herbacées. La plupart sont utiles dans l'alimentation ou en médecine ; presque toutes sont ornementales.

II. — On divise les Composées en 3 Tribus, suivant que le capitule ne porte que des fleurons, ou seulement des ligules, ou, enfin, des fleurons au centre et des ligules sur le pourtour.

1ʳᵉ **Tribu : Flosculeuses**. Le Capitule ne porte que des fleurons réguliers, mais qui deviennent inégaux chez les centaurées, ce qui les rend ornementales. 1º *Artichaut;* on mange le réceptacle et les bractées, qui s'étaient gorgés de provisions, pour le développement de l'inflorescence que l'on rejette sous le nom de foin. Si on laisse « monter » l'artichaut, si l'on permet aux fleurs de grandir, elles absorbent ces réserves de nourriture. 2º *Cardon* : on mange le pétiole et les nervures, après avoir lié la plante pour empêcher le soleil de produire un latex amer. 3º La *Bardane* est comestible et sudorifique ; le *Chardon* donne des graines huileuses, aimées du chardonneret ; celles du *Carthame* plaisent aux perroquets, et les pétales fournissent une couleur rouge, nommée faux-safran. **4**º Les *Centaurées* sont ornementales et fébrifuges : *Bleuet, Chausse-trappe.*

2ᵉ **Tribu : Radiées ou Corymbifères**. Au centre du capitule, des Fleurons sans calice ; sur le pourtour, des Ligules sans étamines. Le jardinage **double** ces fleurs, transformant les fleurons en ligules infertiles. Les capitules s'élèvent à la même hauteur, ce qui constitue pour inflorescence un Corymbe de capitules. La sous-tribu des **Asters** nous offre les charmantes *Paquerettes*, *Emilie*, *Vergerette*. Celle des **Séneçons** renferme l'*Estragon*, l'*Armoise*, l'*Absinthe* : les *Pyrèthres*, utiles insecticides ; les *Chrysanthèmes*, dont fait partie la *Grande Marguerite* des moissons ; la *Camomille* et l'*Arnica* bienfaisants, les *Achillées* ou *Millefeuilles*, et la série des fleurs qui ornent nos jardins : *Souci*, *Dahlia*, *Gaillardie*, *Zinnia*, *Calliopside*. Les graines oléagineuses du *Madia* et du *Guizotia* fournissent de l'huile. Les tubercules du *Topinambour*, du *Soleil*, de l'*Aunée* (*Inula*) contiennent une fécule rotacée, l'*Inuline*, dont l'homme tire parti.

3ᵉ Tribu : Liguliflores ou Chicoracées. Le capitule ne porte que des ligules. Presque toutes ces composées sont comestibles, à condition qu'on lie leurs feuilles, pour empêcher la formation de Latex amers, dont un, le *Lactucarium* de la *Laitue vireuse* est aussi narcotique que l'opium ; un autre, le Thridace, sert en médecine et en parfumerie. La laitue aux feuilles allongées est la Romaine. On lie les salades de *Chicorées* (scarole, frisée, endive) ainsi que la Barbe de capucin. La racine torréfiée d'une grosse chicorée sauvage est parfois ajoutée au café. C'est un mets agréable que les racines du *Salsifis* violet, des jaunes *Scorsonères* et du *Scolyme* méridional. On mange aussi les feuilles du *Liondent* ou pissenlit. Une multitude de plantes d'herborisation, le plus souvent dorées : Epervière, Crépide, Lampsane.

XIᵉ LEÇON

Suite des

DICOTYLÉDONES GAMOPÉTALES OU MONOPÉTALES
II. — FAMILLE DES RUBIACÉES OU DES COFFÉINÉES
(Garance)   *(Caféier)*

I. — Caractères généraux. — 1º Inflorescence en cyme définie ; 2º Fleurs régulières, les unes à symétrie quinaire 5 ; les autres à symétrie quaternaire, 4. 3º 2 styles libres ou soudés, révèlent 2 carpelles qui forment soit une baie (café) soit un achaîne (gaillet). C'est l'albumen corné de sa double graine qui donne au café ses précieuses qualités ; 4º en général les feuilles sont sessiles, sans pédoncule, opposées 2 à 2 ou verticillées à plusieurs et accompagnées de **Stipules** très grandes, qui augmentent l'importance du verticille foliacé, 5° les Rubiacées sont herbacées en Europe et arborescentes sous les tropiques.

II. — Rubiacées principales. — 3 genres indigènes permettent d'étudier cette famille : 1° **Le Gaillet** possède 4 petits sépales, une corolle rotacée de 4 pétales ; 4 étamines périgynes sur l'ovaire, une tige quadrangulaire à crochets. Il présente une quinzaine d'espèces : Caille-lait, Croisette, Mollugine ; et le Gratteron, dont le fruit sec, crochu, comme la tige et les feuilles, s'attache obstinément aux jambes des promeneurs ; 2° **L'Aspérule**, dont la jolie corolle est bleue, rose ou blanche : sa racine fournit une couleur rouge, moins que celle de 3° **La Garance** (*Rubia*). La symétrie de la fleur est quinaire ; pas de calice ; le fruit est une baie. La racine renferme une très belle couleur, l'*Alizarine*. On cultivait la garance dans le Vaucluse, au sein des alluvions fertilisantes de la Durance. Cette culture a été presque ruinée par la découverte des couleurs que renferme le goudron de houille, rouges d'aniline, de naphtaline, d'anthracène. Elles n'ont pas la solidité de la garance, mais elles coûtent beaucoup moins.

4° **Le Caféier**, originaire d'Abyssinie, a été transporté à Moka, Bourbon, la Martinique. C'est un arbre de 6 mètres dont les baies rouges renferment 2 graines, à albumen corné. Une huile parfumée s'associe à la *Caféine*, pour constituer ce stimulant du système nerveux, modérateur des échanges de la nutrition. Sa fleur offre la symétrie quinaire comme celle du **Quinquina** (5°). L'écorce de ce bel arbre renferme la *Quinine*, le meilleur des fébrifuges. D'autres rubiacées possèdent cette propriété à un degré moindre. La racine de l'*Ipécacuanha* est un émétique ; le bois résineux de l'*Erithallis* sert de torche. Parmi les plantes ornementales, le *Gardenia*, la *Bouvardia* aux tubes rouges, et l'*Ixora* employé en parfumerie.

Parmi les familles voisines des Rubiacées, les **Chèvrefeuilles** qui renferment le Sureau et l'Obier Boule-de-Neige ; les **Dipsacées**, qui ont pour type la Scabieuse et le Chardon-à-foulon ; les **Valérianées** sont connues par la Mâche, ou Doucette, et la Barbe de Jupiter. Citons encore la Lobélie et, parmi les **Campanulées**, la *Raiponce*.

III. — FAMILLE DES SOLANÉES (Solanum : Pomme de terre).

Caractères généraux. — La fleur, régulière offre la symétrie quinaire, 5 ; 2° Ainsi le calice est formé de 5 sépales ; 3° La corolle, rotacée (morelle) ou infundibulée, en entonnoir (tabac), est formée par la soudure de 5 pétales ; 4° les 5 étamines, hypogynes sous l'ovaire, ont de grosses anthères très rapprochées, qui s'ouvrent au sommet par des trous ; 5° l'ovaire supère est formé de 2 carpelles, il devient une baie (parmentière) ou une capsule à 2 loges (datura ou pomme épineuse); 6° Beaucoup de graines contournées en rein, comme un haricot ; avec albumen charnu ; 7° feuilles alternes, sans stipules ; 8° En général, les Solanées sont vénéneuses, narcotiques, d'aspect triste, à odeur désagréable, à feuilles maculées de taches sombres, mais c'est la famille qui nous donne l'utile, l'indispensable Pomme de terre.

II. — Principales solanées. — 1° **La Parmentière** possède une tige souterraine dont les rameaux se renflent en tubercules qui sont couverts de bourgeons (yeux) tandis qu'ils n'en porteraient aucun s'ils dépendaient de la racine. La cuisson leur enlève un principe âcre, qui nuit parfois au bétail, au printemps. Les feuilles et les baies sont vénéneuses. On remarque dans la corolle chiffonnée, le rapprochement des 5 grosses anthères, que l'on croirait soudées ; 2° **L'Aubergine** est comestible lorsque la maturité a fait disparaître le suc vénéneux de ses baies violettes. Ces deux plantes appartiennent au genre **Morelle** (*Solanum*), ainsi que la **Douce-Amère** dont les feuilles infusées servent de calmant; 3° la **Tomate** mexicaine nous offre ses baies pourprées : le **Piment** de Guinée sert de condiment ; 4° On mange aussi les baies acidulées du *Coqueret*, Alkekenge ou Physalis, Capuli, — logées dans un très large calice induvié.

5° **Le Tabac** possède une jolie corolle rose, en entonnoir, et une capsule à 2 loges. On utilise ses larges feuilles qui doivent leurs propriétés à un poison suffocant, la Nicotine, et une partie de leur odeur aux sels ammonicaux qu'engendre la fermentation. Les espèces américaines sont les plus fines: cigares de la Havane. La consommation en France dépasse 40 millions de kilos ; elle rapporte à l'État un revenu de 270 millions de francs. — A très petite dose, la médecine utilise les alcaloïdes redoutables de la **Belladone**, aux baies noires, parfois confondues avec des cerises, de la **Jusquiame** qui s'ouvre en pyxide ou tabatière, de la Mandragore, du **Datura** ou Pomme-Epineuse, dont l'entonnoir blanc est superbe. On cultive aussi, à titre de plantes d'ornement, le **Pétunia** et le Cestreau.

On place ici 3 familles intéressantes : les **Primevères** dont font partie le Cyclamen et le Mouron rouge des champs à pyxide.

Les **Liserons** * qui renferment la Belle de jour et la Patate. Les **Borraginées**, pectorales, sudorifiques, velues, à cyme scorpioïde : la Bourrache, la Pulmonaire, la Consoude, le Myosotis et l'Héliotrope.

IV. — FAMILLE DES PERSONNÉES OU SCROFULARIÉES

Ainsi nommées parce que leur corolle est en forme de masque fermé, à 2 lèvres, $\frac{2}{3}$, qu'une torsion profonde déplace en $\frac{3}{2}$, et parce que ces plantes étaient employées comme remède héroïque, au moyen âge, pour guérir les scrofules et autres vices du sang. Le calice a 5 sépales. Sur les 5 étamines initiales, la supérieure avorte, ce qui détermine une **Didynamie, 2 + 2** plus ou moins nette : Ce sont les 2 inférieures qui sont les plus longues. **2** carpelles forment les 2 loges d'une capsule qui renferme beaucoup de graines. Les feuilles sont verticillées par 3 ou 4, sans stipules. On n'emploie plus ces plantes comme antiscorbutiques, mais pour l'ornement des jardins.

1º **Muflier** ou Gueule de Lion, dont le jardinage produit de splendides variétés ; 2º Scrofulaire, Gratiole, Pédiculaire ; 5º **La Linaire** dont le tube, renflé, se prolonge en éperon, est jaune ou bleuâtre. On nomme « Ruines » sa jolie variété, aux feuilles en cymbales, qui pend volontiers le long des vieux murs ; 6º **La Véronique** offre 20 espèces indigènes, entre autres le Mouron bleu, à 2 étamines, qu'il ne faut confondre ni avec le Mouron rouge des champs, ni avec le Mouron blanc des oiseaux ; le premier parmi les primevères, le deuxième dans la famille des œillets : 7º **La Calcéolaire** ressemble à un sac ; ses variétés sont ravissantes. La Mimule et le Penstémon sont aussi fort recherchées ; 8º **La Digitale**, en doigt de gant, très ornementale, renferme un alcaloïde qui ralentit la circulation du sang ; 9º Toutes les Personnées sont dominées par un arbre magnifique qui nous vient du Japon : **Le Paulownia** : ses larges feuilles et l'ensemble de son port le feraient confondre avec le Catalpa. Or, celui-ci ne fleurit qu'en juin : Son masque blanc de Técoma n'abrite que 2 étamines, et sa fleur forme de longues gousses. Au contraire, le Paulownia fleurit dès avril ; sa fleur est allongée et mouchetée ; elle loge quatre étamines **2 + 2**, et elle forme une capsule, arrondie comme une noix.

V. — FAMILLE DES LABIÉES

I. — Caractères des labiées. — Leur nom indique que la corolle est une sorte de bouche ouverte, en double lèvre $\frac{2}{3}$. Etamines didynames **2+2**, ou bien réduites à 2 (Sauge). Le pistil est formé de 2 carpelles, révélés par 2 stigmates. Le fruit est d'abord double, puis une séparation tardive le dédouble en 4 ; c'est souvent un **quadruple achaîne**, comme chez les Borraginées. La tige quadrangulaire porte des feuilles dentelées, opposées 2 à 2, étagées en croix parfois très ornementales (Coléus). Les labiées doivent aux Glandes aromatiques dont elles sont criblées, surtout dans les pays chauds, les qualités qui les font employer comme remèdes, comme parfums ou comme condiments.

II. — Principales labiées. —1º La tribu des **Menthes**. 2º Celle des **Sauges** : les 2 étamines ont un long connectif, en fléau de balance ; Romarin. 3º **Lavandes**, Basilic, Patchouli. 4º **Thyms** et Mélisse. 5º La tribu des **Lamiers** renferme quelques principes amers, toniques ou fébrifuges. Le **Lamier blanc** est surnommé « *Ortie blanche* », à cause des dentelures de ses feuilles qui ne font aucun mal ; tandis que l'ortie, privée de corolle, placée parmi les Apétales, détermine une vive douleur suivie d'engourdissement. Une variété de Lamier est rose. Cette tribu renferme 2 jolies petites plantes d'herborisation : le **Gléchôme** ou « Lierre terrestre » qui orne les talus et les pelouses ; et la **Germandrée**, surnommée « Petit-Chêne », à cause des crénelures de sa petite feuille ; c'est la parure de nos collines des Vosges, en septembre.

Les dernières Gamopétales à citer sont : les belles Azalées, les Verveines, les Phlox, la Dentelaire, la Pervenche, — et la famille des **Oléinées** : belles grappes, corolle en coupe à 4 pétales ; deux étamines : grands végétaux très utiles : **Olivier, Lilas, Frêne, Troëne, Orne, Jasmin**. Le grand avantage de cette classification consiste en ce que la place assignée à tel végétal vous renseigne sur les points les plus essentiels ; ainsi, dire que la **Dentelaire** est voisine des Solanées, c'est dire que cette jolie fleur bleue est régulière : que sa corolle libre, indépendante du calice, est formée de 5 pétales soudés, et qu'elle abrite 5 étamines hypogynes, insérées sous l'ovaire.

Lecture. — Nombreux détails sur l'apostolat de Parmentier. Quelques extraits du *Poème des Plantes*, de Castel.

(*Printemps*) L'or de la primevère embellit les coteaux,
    Narcisse, encor penché, se peint dans les ruisseaux,
    Et. sous un buisson vert, sa demeure secrète,
    Un aimable parfum trahit la violette.
    Tout fermente ; tout vit : les chênes verdoyans,
    De leur ombre tardive, embellissent les champs ;
    L'air se fond en rosée et, coulant sous la terre,
    Porte de veine en veine une humeur salutaire.
    De purs torrents de sève inondent les boutons,
    Parfument les sentiers des bois et des vallons,
    Rafraîchissent nos sens et, dans l'âme ravie,
    Semblent renouveler les sources de la vie.

(*Été*) Après les feux du jour, les plantes inclinées
    Languissent tristement sur leurs tiges fanées ;
    Mais, lorsque la fraîcheur a coulé dans leur sein,
    Leurs organes vaincus se raniment soudain ;
    On les voit reverdir et, pleines de souplesse,
    De leur tête, à l'envi, relever la noblesse.
    — De larges nymphéas, sur les flots aplanis,
    Forment, des deux côtés, de superbes tapis.
    Le séneçon doré, la rouge salicaire
    Ornent de leurs attraits la berge solitaire,
    Et le convolvulus *, si pur dans sa blancheur,
    Aux verts buissons du fleuve entrelaçant sa fleur,
    Par de nombreux festons couvrant leurs intervalles,
    Semble le nœud charmant des grâces végétales.

(CASTEL.)

XIIe LEÇON

2° DICOTYLÉDONES DIALYPÉTALES OU POLYPÉTALES

Les pétales de la corolle sont libres, sans soudure mutuelle. Ils sont portés par le calice, et ils s'insèrent avec les **étamines Périgynes** au-dessus de l'ovaire, chez les Rosacées, Papilionacées, Ombellifères, dont la placentation est axile. La corolle est indépendante du calice, et elle s'insère au-dessous de l'ovaire, tout comme les **étamines hypogynes**, chez les Crucifères et les Papavéracées, à placentation centrale.

I. FAMILLE DES ROSACÉES

I. — CARACTÈRES. — Fleur régulière, à symétrie quinaire : corolle en rosace de 5 pétales libres, protégeant une centaine d'étamines disposées en verticilles, au-dessus du gynécée. Feuilles munies de stipules. Plantes très utiles ou très belles, reines du jardin et du verger. **1° Tribu des Rosées**. Le fruit consiste en un receptacle creusé en urne, charnu, logeant de nombreux achaines. On le nomma Cynorrhodon parce qu'il passait pour guérir la rage ; à peu près comme la Scabieuse guérissait la gale (Scabies). Les pharmaciens l'emploient comme astringent, serrant les tissus : miel rosat, vinaigre rosat. Sur 5 sépales, les deux plus externes sont ornés de stipules ; le 3e n'a cet appendice que d'un seul côté, les 2 autres en sont dépourvus ; bon exemple du passage de la feuille aux stipules. La corolle est pénétrée de glandes qui secrètent une essence parfumée, astringente, que l'on utilise dans la rose de Provins (Rosa gallica) et l'espèce à Cent feuilles. Doubler une rose, c'est transformer par le jardinage les étamines en pétales. A côté du rosier proprement dit, se place l'Eglantier.

2° Les Dryadées ou Fraisiers. La **fraise** savoureuse est un réceptacle cônique, inverse du cynorrhodon creux : comme lui, elle porte des achaines, secs et foncés. On confond avec elle la *Potentille* blanche, dont le receptacle demeure sec. Les belles feuilles découpées et argentées de l'Ansérine plaisent aux oies. Les drupes **multiples** de la Framboise, et de la Mûre des ronces, proviennent des nombreux pistils d'une même fleur. Comme type de **Spirées** on cite la *Reine des Prés*, l'Ulmaire, la Filipendule.

4° La tribu des Pomacées est caractérisée par son fruit charnu, à pépins, couronné par les 5 dents du calice (œil) et composé de 5 carpelles, formant les 5 loges cartilagineuses de la Mélonide. Par la culture on a transformé les fruits acerbes du **Pommier** et du **Poirier** sauvages, en 200 variétés agréables. Le fruit écrasé fournit le Cidre ou le Poiré. Avec les coings du **Cognassier** on fait une gelée délicate et des pâtes stomachiques : les nombreux pépins servent pour brillantine et pour calmer les conjonctivites (collyres). Le **Néflier** fournit la nèfle que l'on ne mange pas avant qu'elle soit blette. Avec l'Amélanchier aux fruits noirs, on passe au groupe des Aubépines, des Sorbiers, des Alisiers.

5° La tribu des Amgydalées (à noyau) possède un fruit charnu, d'un seul carpelle, avec un seul noyau : la Drupe. Souvent la graine et les feuilles renferment une essence énergique et de l'acide Prussique vénéneux. Le bois est très estimé ; il en découle la Gomme de pays ou Cérasine. Le genre **Cerisier** nous offre les cerises succulentes, amenées d'Orient par Lucullus : cerise de Montmorency à longue queue, guigne pourprée, anglaise acidule, bigarreau clair. La Griotte ou Merise produit le Kirsch : le Laurier-Cerise et le Mahaleb de Sainte-Lucie (Vosges) ornent les parcs. Le genre **Prunier**, aux fruits poudrés d'une efflorescence glauque, nous offre le choix entre la Reine-Claude et la Mirabelle, la prune de Monsieur et celle de Damas. L'espèce sauvage, Epine Noire ou Prunellier, porte des prunelles acerbes dont on fait une piquette. L'*Abricotier* est un prunier d'Arménie. Au genre **Amandier** se rattachent les nombreuse variétés de *Pécher* (*Amygdalus persica*), veloutées ou non, à chair fondante ou ferme, adhérant ou non au noyau ; son amande et sa feuille sont vénéneuses, par leur richesse en acide prussique. La **Zone de Culture** de l'*Amandier* se confond avec celle de l'Olivier. Ces 2 végétaux se partagent la Provence ; l'amande princesse est récoltée aux environs d'Aix. Dans une variété l'amande est douce ; elle donne une huile de luxe ; dans l'autre, l'amande devient amère en fermentant, et produit un mélange de sucre, d'acide prussique, et d'Essence d'amandes amères.

II. — FAMILLE DES PAPILIONACÉES OU DES LÉGUMINEUSES

I. — Caractères. — Cette famille est caractérisée par son fruit unicarpellé, la **Gousse** ou **Légume**, qui s'ouvre en 2 valves, entre lesquelles se distribue régulièrement la rangée des graines. Souvent les étamines sont diadelphes (9 + 1) dont 9 soudées par leurs filets. Les feuilles, alternes, sont composées de folioles, terminées en vrilles chez les volubiles, et douées de mouvements accusés (sainfoin, sensitive). Dans quelques groupes la fleur est presque régulière, tandis que, dans la majorité, elle ressemble à un **Papillon** ou une Nacelle : ses 5 pétales sont : l'étendard ou voile, les 2 ailes ou rames ; le corps ou carène, double, de 2 pétales rapprochés.

1re **Tribu** : Papilionacées proprement dites : Haricot, Pois, Lentille, Fève, Pois chiche. Parmi les fourrages, Trèfle, Luzerne, Mélilot, Sainfoin, Lupin. Plusieurs textiles passables : Genêt, Ajonc, Spartium. De beaux arbres : le Robinier ou Faux Acacia ; aux grappes embaumées, au bois tenace ; le Cytise ou Faux Ebénier, aux grappes d'or ; le Sophora japonais, aux branches torses, aux rameaux pleureurs ; la Réglisse ; l'Astragale qui exsude la gomme adragante de Bassora. Les feuilles de l'**Indigotier**, macérées dans l'eau, produisent l'indigo, que précipite et bleuit l'addition de la chaux. Bois ae fer, Palissandre, Santal, très recherchés par l'ébénisterie. A côté de la *Glycine* qui entoure une maison de ses grappes lilas, se place une plante, le Soja ou Soya, dont la graine torréfiée rappelle le café : elle est tellement riche en *caséine végétale*, analogue à celle du lait, que les Chinois l'emploient à fabriquer un véritable fromage.

2° La Tribu des Cœsalpiniées, à corolle presque régulière, à étamines sans soudure, renferme des arbres exotiques, aussi beaux qu'utiles. L'*Arbre de Judée*, dont les épis rouges précèdent les feuilles au printemps ; le Févier, armé jusqu'à sa base d'épines triples, représentant des rameaux modifiés. La teinturerie emploie le Campêche violet et le rouge bois de Fernambouc ou Présille d'où est venu « Brésil ». Feuilles et gousses sont purgatives chez les Cassia (casse, séné) et les Tamariniers (tamar indien). Parmi les plus utiles, les graines oléagineuses de l'**Arachide**, les fruits du Caroubier de Provence, la fève de Tonka, des baumes, l'écorce du Geoffroya. **3° La tribu des Mimosées** renferme la **Sensitive** (page 98) et les vrais **Acacias** dont font partie les Gommiers qui secrètent la *gomme arabique*.

III. — FAMILLE DES OMBELLIFÈRES

C'est une des familles les plus naturelles, que caractérise son inflorescence en **Ombelle composée**. Plusieurs ombellules, munies d'involucelles de bractées, forment l'Ombelle munie d'un involucre. Le calice est composé de 5 petits sépales, soudés entre eux et à l'ovaire. La corolle régulière a 5 pétales. Les 5 étamines périgynes s'insèrent sur un disque à la hauteur de la gorge du calice. 2 styles, à base renflée, révèlent 2 carpelles qui formeront 2 achaînes, sillonnés de côtes. Ce fruit contient des Canaux résinifères, comparables à ceux des sapins ; ils secrètent des essences aromatiques dans l'Anis, le Cumin, le Coriandre, le Carvi. Les feuilles alternes, finement découpées, engaînantes, sont criblées de glandes odorantes, aromatiques dans les espèces condimentaires, fétides chez les ombellifères vénéneuses. La tige est herbacée, cannelée, contenant une moëlle abondante ; ou sinon creuse, fistuleuse (Férule) ; on confit celle de l'Angélique. Plusieurs espèces secrètent des *gommes-résines* médicinales ; Opoponax parfumé, Assafætida repoussante, Gomme ammoniaque : la secrétion du Thapsia sert pour emplàtres vésicants.

La **Carotte** est le type des racines pivotantes simples : elle est assez riche en sucre ; le centre de ses ombelles blanches est pourpré. Le **Panais** et l'Aneth ont des fleurs jaunes. Plusieurs condiments agréables : Cerfeuil, Persil, Fenouil. On mange les pétioles, les côtes et la racine du **Céleri**, et les feuilles vinaigrées du Perce-pierres ou Crithme marine. Un groupe de plantes âcres, jadis médicinales, Panicaut, Buplèvre, Phellandre, nous conduit aux **Vénéneuses** que leur odeur vireuse, leur tige piquetée de rouge, leurs feuilles, parfois maculées, empêchent de confondre avec le persil et le cerfeuil. Petite Cigüe, Cicutaire aquatique, **Grande Cigue de Socrate**, employée jadis comme breuvage mortel.

Auprès de ces 3 grandes familles, on place celle des Térébinthes (ailante, acajou, pistache) et celle des Fusains. Le **Lierre**, les Myrthes (Eucalyptus), le Seringat, les Saxifrages, les Groseilliers, etc. On y joint, aussi, les **Cucurbitacées**, parfois à fleurs diclines, avec corolle soudée, étamines demi synanthérées ; ovaire de 3 carpelles formant le plus souvent la volumineuse **Péponide** : Melon, Concombre et Cornichon, Pastèques, Courge, Citrouille, Potiron, Calebasse et Coloquinte. La **Bryone** des haies ou Couleuvrée, à fleurs verdâtres, est dioïque, unisexuée, complètement à étamines ou à pistils ; son fruit est une petite baie rouge. Sa racine farineuse renferme un latex vénéneux, de sorte qu'on la compare volontiers au manioc.

Lecture. — *L'automne*. Poëme des Plantes, par Castel. Par exemple, cette description des champs de la Normandie :

De pommes couronnée,
Pomone vient remplir l'attente de l'année.
Des rameaux ébranlés, je vois les fruits pleuvoir,
Je vois l'amas vermeil grossir dans le pressoir,
Les cuves, les tonneaux et la meule pesante
Qui broye, en tournoyant, la récolte odorante.
— C'est l'ami de *Cérès :* à l'ombre de sa tète
Les épis fortunés méprisent la tempête ;
Et dans le même champ, une double moisson,
Nous donne l'aliment auprès de la boisson.

XIIIe LEÇON

Suite des DICOTYLÉDONES DIALYPÉTALES

Parmi celles dont la corolle est indépendante du calice, et dont les étamines hypogynes s'insèrent au-dessous de l'ovaire, nous choisirons la vigne, le lin, l'œillet, la mauve, les Crucifères, les Papavéracées et les Renonculacées.

1º La Vigne, type des Ampelidées, possède de petites grappes de fleurs verdâtres. Le calice, à peine denté, est très petit. La corolle insérée sur un disque glanduleux, est formée de 5 pétales verts, soudés en dessus, ce qui forme une *Coiffe* qui tombe d'une seule pièce. Les pétales alternent avec les Nectaires, de sorte que les 5 étamines sont en face des pétales. Le fruit est la plus connue des **baies**, le grain de raisin, formé par 2 carpelles, à stigmate sessile, sans style. Pépins épars, à testa très dur, avec albumen charnu. Les feuilles, type des palmatilobées, sont alternes et sans stipules ; une partie des supérieures n'est formée que de pétioles, contournés en vrille. Nombreuses variétés de raisins ; noirs, blancs, gris, muscats, de treille. Vin, eau-de-vie, vinaigre, jus vert ou verjus. Tartre des tonneaux. Les *Vignes-vierges*, ornement des tonnelles, font partie des genres Ampelopsis et Cissus dont on mange, en Amérique, les fruits acidules et les feuilles cuites.

2º Le Lin, type des *Linées*, possède de belles fleurs bleues, campanulées, exemple parfait de la symétrie quinaire : 5 sépales, 5 pétales, 5 étamines, 5 carpelles, 5 styles libres, 5 loges dans la capsule (dédoublée par des cloisons tardives en 10 compartiments.) Plante herbacée, originaire d'Orient, le Lin prospère dans les pays tempérés et secs, le nord de la France, la Belgique, la Russie. Les fibres textiles font partie du liber de l'écorce ; elles sont de cellulose pure, aussi conviennent-elles pour les plus fins tissus, dentelles et batistes. On les sépare les unes des autres, et de la portion ligneuse par le rouissage, surtout avec la vapeur d'eau. Les graines émollientes plaisent aux oiseaux et servent en médecine ; on en extrait, pour la peinture, une huile siccative qui sèche vite ; les tourteaux engraissent le bétail. D'autres espèces sont fébrifuges, plusieurs sont très ornementales ; lin de Sibérie, lin jaune maritime, Radiole à fleurs blanches.

3º L'Œillet, type des *Caryophyllées*. Sa corolle est caractérisée par le long tube que forment les 5 onglets allongés, tandis que le limbe perpendiculaire est assez court ; 5 ou 10 étamines. La culture double l'œillet, transformant les étamines en pétales, élégants, panachés, parfumés. La capsule se réduit à une seule loge, par la disparition des cloisons, de sorte que la placentation qui était axile semble être devenue centrale. L'embryon se recourbe autour d'un endosperme. Font partie des Caryophyllées, la Saponaire, dont le suc mucilagineux mousse avec l'eau, comme un savon naturel, et enlève les taches ; elle a deux styles. Le Silène en a 3, le Lychnis 5. Citons aussi la jolie Stellaire aux pétales bifides, et le *Mouron blanc des oiseaux*.

4° La **Mauve**, type des *Malvacées*; fleur régulière, à symétrie quinaire; corolle violette, en godet assez caractéristique. Etamines *monadelphes*, soudées par leurs filets en un tube que traversent les styles (soudés aussi) de plusieurs carpelles. Le fruit sec éclate à la maturité : soit une Capsule ; soit une couronne de Coques, aux loges incomplètement soudées. Feuilles alternes, palmatilobées, stipulées. La mauve renferme un suc émollient; ses fleurs servent pour infusions. On utilise la racine de la Guimauve. La Mauve royale (*Lavatera*) et la Rose-trémière ou Passerose, sont fort belles. Les malvacées exotiques sont des arbres, ce sont même les plus gros arbres ; le Séba, dont l'écorce contournée en barque, contient 40 rameurs ; le Baobab qui atteint 35 m. de base et dont l'âge est évalué à 6.000 ans. La capsule du **Cotonnier** est gonflée de graines huileuses, protégées par le duvet qui dépend de leurs téguments ; chaque fibrille de **Coton** est une cellule allongée, terminée en crochet. L'Egypte, l'Inde, la Chine, l'Amérique possèdent plusieurs espèces de cotonniers.

V. FAMILLE DES CRUCIFÈRES

I. — CARACTÈRES. — La symétrie de la fleur est quaternaire et en croix. Le calice est formé de 4 sépales ; caduc, il tombe de bonne heure. La corolle, caractéristique, est **Cruciforme** : 4 pétales formant la croix. Sur les 4 étamines initiales, les 2 latérales demeurent simples et petites ; les 2 autres se dédoublent et s'allongent ; l'ensemble est donc **Tétradyname 4 + 2**. L'ovaire est formé de 2 carpelles, portant 2 rangs d'ovules sur 2 placentas pariétaux ; ceux-ci finissent par être réunis au moyen d'un *Cadre tardif* qui sépare la **Silique** en 2 loges, s'ouvrant de bas en haut par 2 Valves. A titre exceptionnel, les 2 lobes du stigmate sont superposés aux 2 placentas. Embryon huileux, sans albumen. Feuilles alternes, sans stipules. Les Crucifères renferment une Essence assez âcre, sulfurée, hygiénique et utile stimulant. Presque toutes les fleurs sont jaunes ou blanches ; toutefois elles sont lilas dans la Cardamine et la Julienne, rouges dans le Gazon de Mahon, violettes dans l'Aubriétie.

II. — CRUCIFÈRES UTILES. — 1° Le **Chou**, aux nombreuses variétés et le Chou-fleur dont on mange l'inflorescence. 2° Le Navet, le Rutabagas du bétail; la Navette, dont l'huile est comestible; le *Colza*, réservé pour l'éclairage. 3° Le *Radis*, soit noir et gros, soit rose et petit. 4° La **Moutarde** présente 2 espèces ; les graines blanches de la première stimulent modérément les estomacs fatigués. L'autre, la moutarde noire, est beaucoup plus riche en essence sulfurée, on l'emploie pour sinapismes. En délayant les 2 farines dans le verjus, et le vinaigre, on obtient le condiment de nos tables, ou moutarde de Dijon. 5° Le **Cresson** de fontaine et le cresson alénois des jardins, purifient le sang. 6° On utilise aussi les propriétés antiscorbutiques de la Roquette, de l'Herbe aux chantres. On place à part les Crucifères dont le fruit, un peu renflé, est nommé *Silicule*. 7° Le **Raifort**, dont la racine râpée, est un condiment apprécié. 8° Le Crambé, comestible, surnommé Chou maritime ou Pain des Tartares. 9° La *Caméline* qui rivalise avec le colza. 10° Le **Pastel**, dont les feuilles renferment une sorte d'indigo; on le cultive dans l'Agénois. Enfin nos jardins sont remplis de belles crucifères : Giroflée, Mathiole, Arabette, Alysson ou Corbeille d'or, Ibéride ou Corbeille d'argent, Thlapsi ou Tabouret.

VI. — FAMILLE DES PAPAVÉRACÉES (Papaver : Pavot).

Deux sépales caducs, qui tombent de très bonne heure : 4 Pétales qui se ressentent souvent de leur préfloraison chiffonnée. Beaucoup d'étamines, hypogynes au dessous d'une sorte d'*urne*, constituée par la soudure d'une vingtaine de carpelles. Cette urne est coiffée d'un couvercle formé par les stigmates ; elle mûrit en une capsule qui s'ouvre, sous le chapeau, par une vingtaine de trous. Telle est la « *tête* » du Pavot. Chez d'autres le fruit est une Silique. L'embryon, assez petit, est entouré par un albumen huileux. Ainsi l'huile d'Œillette provient de l'albumen et l'huile de colza de l'embryon. Feuilles alternes, très découpées. Les papavéracées sont des plantes herbacées, riches en **latex** puissants, vénéneux, soit narcotiques, soit corrosifs.

Le **Pavot** offre plusieurs espèces : l'Œillette, violacée à tache noire : le Coquelicot, le Pavot somnifère. On blesse les urnes avant leur maturité ; elles exsudent un latex blanc qui se solidifie et se fonce en couleur : c'est l'**Opium**, utile soporifique et narcotique redoutable ; bienfaisant lorsqu'il est offert par le médecin, funeste lorsqu'on demande à ses fumées l'ivresse et l'engourdissement, comme on le fait aux Indes, en Malaisie et en Chine. Il doit ses propriétés à une dizaine d'alcaloïdes, dont le plus connu est la *Morphine*. Le Pavot de Californie est d'un jaune citron assez joli. Sont jaunes, aussi, la *Glaucière* ; la **Chélidoine** ou **Grande Eclaire** dont le latex orangé est un corrosif qui détruit les verrues.

La Sanguinaire du Canada exsude un latex rouge de sang.

Auprès de ces Dialypétales on a placé : les Aurantiacées ou Hespéridées; elles ont pour type l'Oranger, le Citron, le Bigaradier qui sert à fabriquer l'Eau de fleur d'oranger et le curacao, le Cédrat, la Bergamotte. Les familles du Géranium et de la Balsamine; la Capucine; la Violette; le Réséda; le Magnolia; le Camélia (**thé**); de beaux arbres, le Tilleul, l'Erable, le Marronnier d'Inde. Et l'on termine avec les **Renonculacées**, parce que la corolle leur manque quelquefois : elle peut être remplacée par un calice brillant, pétaloïde, dont les sépales sont opposés aux étamines. On observe souvent sur les organes de la fleur une disposition spiralée et non plus verticillée et, dans ce cas, toutes les transitions possibles entre les bractées, les sépales, les pétales, les étamines et les carpelles. Les Renonculacées sont à la fois ornementales et vénéneuses. Leur type est la Renoncule ou Bouton d'Or. Citons les Clématites, au superbe calice, coloré comme celui des Anémones. L'Adonis ou Goutte de Sang, a le calice pourpre, et la corolle sanguine. La Pivoine, très ornementale, double aisément par la transformation des étamines en pétales. On utilisa l'Ellébore. On cultive la Dauphinelle ou Pied-d'Alouette aux longs éperons. Chez l'**Aconit**, le sépale supérieur se contourne en casque; les 2 pétales supérieurs très minces, terminés en crosse, ressemblent à des étamines : les 3 inférieurs sont très petits, ou convertis en étamines; bref, la fleur est des plus bizarres. La plus jolie renonculacée est l'**Ancolie**, aux nombreuses couleurs, avec ses 5 sépales colorés, et ses 5 pétales roulés en cornets à éperon, comparables à des cornes d'abondance ou à de petites colombes.

Lecture : Formation et récolte de l'opium sur les têtes du pavot somnifère. Importance de cette récolte dans l'Extrême-Orient.

XIVe LEÇON

3° SOUS-CLASSE DES DICOTYLÉDONES APÉTALES

Ces végétaux n'ont pas de corolle, et cependant on en cultive plusieurs pour leur beauté; c'est alors le calice qui est coloré : Amaranthe, Belle-de-nuit, Aristoloche; ou bien, à titre exceptionnel, certaines variétés ont des pétales, Euphorbe, Rafflésia. Deux familles assez répandues ont des fleurs complètes, possédant à la fois des étamines et des pistils. Ce sont les **Chénopodées** qui renferment la Betterave (sucre) et dont on mange les feuilles; Poirée, Arroche, Salsola, Boussingaultia, et une plante dioïque, l'*Epinard*. La famille des **Polgonées** est tout aussi utile par ses graines farineuses (achaîne du Sarrasin, ou blé noir, ses feuilles acidulées (Oseille), ses racines toniques (Rhubarbe). Les sépales, colorés rendent ornementales la grande Persicaire, le Cordon de cardinal, et le Polygonum à indigo.

Parmi les Apétales **Diclines**, aux fleurs incomplètes, soit uniquement à pistils, — soit uniquement à étamines, groupées en chatons, et toujours protégées par un Involucre de bractées, nous choisirons les Euphorbes, les Urticinées et les Amentacées.

I. — FAMILLE DES EUPHORBIACÉES

La fleur pistillée se dresse sur un axe, au milieu d'une dizaine de fleurs staminées, et l'ensemble est protégé par un involucre de dix bractées, placées sur 2 rangs. Le fruit est une Elatérie de 3 coques : l'albumen renferme une huile douce, et l'embryon une huile médicinale (ricin, croton). De même que les Papavéracées, les Euphorbiacées sont très riches en **latex**, corrosif dans le Réveil-matin, vénéneux dans le Mancenillier et les Euphorbes tropicales, enfin durcissant en caoutchouc chez le Siphonia et d'autres. La petite Euphorbe, verdâtre, est bien connue ; quand on la cueille, on voit perler une goutte de latex blanc. Les feuilles de la Maurelle et de la Mercuriale fournissent une couleur bleue, « tournesol en drapeaux » dont on enduit les fromages de Hollande et les papiers d'épicerie. Le **Buis** est très tenace ; il convient à la gravure. On cultive le Ricin pour la beauté de ses grandes feuilles, ainsi que le Croton au feuillage tacheté de jaune : leurs graines sont médicinales. Le Manioc renferme dans ses racines une excellente fécule, le **Tapioca** associée à un poison volatil, comparable à l'acide prussique, et que l'on évapore par la torréfaction.

II. — ORDRE DES URTICINÉES

C'est la réunion de plusieurs familles qui ont d'assez grandes affinités naturelles.

1° FAMILLE DES MORÉES. — La fleur est très simple : 4 sépales protègent 4 étamines, ou bien un ovaire à 2 loges. Le *Mûrier blanc*, dont la culture réclame un climat modéré, ne dépasse pas le Lyonnais ; ses feuilles constituent la nourriture du Ver-à-soie. Le *Mûrier noir* est estimé pour ses fruits dont on fait un sirop adoucissant ; ce sont des fruits *composés*, formés par une inflorescence entière, et dont les calices deviennent charnus (Sorose). Le *Mûrier-à-papier* (*Broussonetia*) est un bel arbre, originaire de Chine, dont le liber textile fournit un papier de luxe. Le **Figuier**, lui aussi possède de belles feuilles très découpées, et un fruit compliqué. Le Sycône de la figue consiste en un réceptacle charnu, complétement contourné, et logeant des fleurs très simples ; ainsi 5 sépales entourent l'ovaire ; 3 sépales protègent 3 étamines. Le *Figuier élastique*, riche en latex, donne un caoutchouc. Le *Figuier des pagodes*, aux grandes racines adventives, exsude la gomme laque, sous la piqûre d'une cochenille, qui lui communique sa couleur rouge. Le latex de l'Antiar rend foudroyante la flèche du Malais ; inversement le Dorsténia sert d'antidote contre les serpents venimeux. L'Arbre à la Vache a pour latex une crême exquise. L'Arbre à Pain ou Jacquier de Taïti offre aux Polynésiens un fruit double, de la grosseur d'une noix de coco ; on le fait griller par tranches, ou bien on l'écrase en farine : c'est un pain délicieux.

2⁰ Famille des Urticées, ayant pour type l'**ortie**. Ses feuilles opposées et denticulées, comme celles du Lamier, sont couvertes de Poils raides, qui terminent des glandes aux sécrétions corrosives. On est, à la fois, brûlé et engourdi, comme au contact d'une méduse. Et, cependant, lorsqu'elle est *fanée* et hachée, c'est un fourrage ; on peut la cuire en guise d'épinards. C'est aussi un textile passable. Les Orties de Chine, *China-grass et Ramie*, fournissent de très beaux fils, surnommés « soie végétale ». 3⁰ Les Cannabinées ont pour type le **chanvre**, plante annuelle, cultivée depuis longtemps pour son liber dont on fait la toile forte, et les cordes, ainsi que pour ses graines oléagineuses (chénevis), aimées des oiseaux, et dont l'huile sert pour éclairage, peinture, savon noir. L'odeur forte qu'exhalent les feuilles et la tige provient d'une essence volatile : les Orientaux fument les sommités de la plante et les font entrer dans des préparations qui enivrent comme l'opium (hachisch). Le Chanvre est dioïque, unisexué ; les pieds pistillés, étant les plus grands, sont nommés à tort pieds mâles. Le fruit est un achaîne, protégé par un seul sépale et une seule bractée. L'autre cannabinée utile est le **Houblon**, cultivé dans les pays où la bière remplace le vin. Les fleurs pistillées sont abritées par des cônes de bractées membraneuses, saupoudrées d'une poussière jaune, le *Lupulin*. On les fait bouillir pendant 2 heures dans le moût sucré provenant de l'orge germée (page 120) ; de la sorte, la bière est aromatisée et peut se conserver. On place ici le Micocoulier, arbre superbe dont on recherche le bois tenace ; ses drupes parfumées plaisent aux enfants ; — l'**Orme**, dont les samares et le port majestueux, sont si connus, — et le **Platane**, à l'écorce verdâtre exfoliée ; aux boules hérissées, agglomération d'achaînes dont les styles ont persisté. La feuille quintifide du platane ressemble beaucoup à celle d'un Erable et du Sycomore ; mais le fruit de ces deux arbres est la double samare.

III. — ORDRE DES AMENTACÉES (Amenta : Chatons).

C'est un groupe de Familles Diclines, chez lesquelles les fleurs sessiles, d'un seul genre, staminées ou pistillées, sont groupées séparément en Epis hérissés de soies, les **chatons**. Après la floraison, les chatons à étamines se désarticulent et tombent ; les petits enfants les prennent pour des chenilles. Ni corolle, ni calice ; mais un Involucre de bractées. Etudions ces géants de nos forêts, en finissant par leur roi, le Chêne.

I. — Famille des Bétulinées. — 1° Le **Bouleau** possède un bois léger, entouré d'une écorce blanche qui contient de la fécule, des gommes, du tannin et une huile empyreumatique. On mange cette écorce en Laponie ; on la distille pour imprégner le Cuir de Russie. La sève fermentée constitue une boisson alcoolique. Aucun arbre ne supporte mieux le froid des neiges éternelles, soit sur les hautes cimes (2.000^m), soit près du pôle (71e degré). 2° L'**Aulne** offre aussi un bois léger, pour fabriquer le fusain et la poudre. Comme il est susceptible d'un beau poli, on lui donne l'aspect de l'Ebène en l'injectant de noir, avec la teinture de Campêche et un sel de fer, le vitriol vert ou l'acétate. Hydrofuge, il convient pour pilotis. L'écorce sert en tannerie ; elle sert aussi, avec le vitriol vert, à former l'encre. Les chatons pistillés forment des achaînes : ceux du Bouleau, des samares ailées.

II. — Famille des Salicinées. — 1° Le **Saule** aime l'humidité ; ses jeunes rameaux constituent l'Osier des vanniers. Son écorce, riche en tannin, sert à fabriquer les cuirs ; elle produit l'acide Salycilique qui conserve passablement les substances alimentaires. Végétal dioïque, il a de petites graines, entourées d'un duvet que recherchent les oiseaux et dont on fabrique du papier. 2º Le **Peuplier** possède un bois léger, employé pour caisses, pupitres. Chez le *Peuplier blanc*, les feuilles sont garnies, en dessous, d'un duvet argenté. Celles du *P. Tremble* s'agitent au moindre vent. On estime la résine du *P. Balsamique*. Le plus connu de tous est le *P. Pyramidal d'Italie*, à courtes branches dressées.

III. — Famille des juglandées. — Le **Noyer** nous donne un bois dur, très recherché pour meubles et crosses de fusil, une écorce employée dans la teinture en noir, des feuilles aux infusions aromatiques, enfin sa *Noix* dont on extrait une huile médiocre au goût, mais employée pour éclairage, peinture, savons. Le *Brou* amer, péricarpe qui entoure la noix, est formé par un involucre de bractées et un calice de 4 sépales. On place ici le **Charme** et le **Coudrier**, les Noisettes sont des achaînes induviés, associés 2 à 2. — (IV Corylacées).

V. — Cupulifères, famille caractérisée par une Cupule de bractées enveloppant au moins la base du fruit. **1º La Châtaigne** est un fruit farineux qui joue un rôle important dans l'alimentation de la Corrèze et de la Creuse. Elle représente le développement du seul ovule qui ait mûri sur les 12 que contient chaque ovaire. Le *Marron* est un peu plus fin. C'est un véritable fruit, surmonté des débris du style et du calice, tandis que le Marron d'Inde est une graine dont le testa foncé montre la trace d'un hile blanc. **2º Le Hêtre**, ou Fayard (*Fagus*) a des fruits triangulaires, dont la graine, nommée *Faine* produit une huile passable. Son bois est estimé pour la menuiserie et pour le chauffage.

3º **Le Chêne** (*quercus*), ce roi de nos forêts, vénéré par nos pères, nous donne le plus beau bois de construction. Son écorce pulvérisée, riche en tannin, constitue le Tan de presque tous les cuirs. La piqûre du Cynips détermine une excroissance, la Noix de Galles, employée comme astringent et pour teinture en noir (avec un sel de fer). Le Chêne-Liège, méditerranéen, de Tunisie et d'Algérie, fournit le très utile liège (*suber*). L'écorce du Quercitron donne une couleur jaune. Un petit chêne de Provence nourrit le Kermès, presque aussi beau que la Cochenille (*carmin*). Au Japon et en Chine, certains chênes portent des insectes producteurs de soie, Bombyx et Attacus. On torréfie les glands du Chêne Vert (Yeuse) en une sorte de café tonique, et l'on mange parfaitement les glands doux dans le midi de l'Europe. Ce fruit provient d'une seule fleur, solitaire dans sa **Cupule** de bractées. Dans les fleurs staminées, un calice de 6 à 8 sépales protège autant d'étamines. Le groupement des fleurs en chatons staminés et chatons pistillés doit être l'objet d'un sérieux examen, afin de bien comprendre que ce sont précisément les arbres les plus beaux et les plus utiles qui possèdent les fleurs les plus simples.

Fin des Dicotylédones.

Lecture. — Extraction du caoutchouc des figuiers élastiques. — Cueillette du Gui sacré sur les vieux chênes. — Et ces belles Stances, dignes de l'Hermès auquel travaillait André Chénier, la *Mort d'un Chêne* par Victor de Laprade. En voici quelques fragments :

Quand l'homme te frappa de sa lâche cognée,
O Roi qu'hier le mont portait avec orgueil,
Mon âme, au premier coup, retentit indignée,
Et dans la forêt sainte il se fit un grand deuil.
Ta chute laboura comme un coup de tonnerre
Un arpent tout entier, sur le sol paternel ;
Et quand son sein meurtri reçut ton corps, la Terre
Eut un rugissement terrible et solennel.....
— Car j'ai pour les forêts des amours fraternelles,
Poète vêtu d'ombre, et dans la paix rêvant.
Je vis avec lenteur, triste et calme, comme elles
Je porte haut ma tête et chante au moindre vent.
En moi, de la forêt le calme s'insinue,
De ses arbres sacrés dans l'ombre enseveli,
J'apprends la patience, aux hommes inconnue,
Et mon cœur apaisé vit de calme et d'oubli,

V. de Laprade.

XVe LEÇON

Classe des Monocotylédones

Les caractères généraux, étudiés pendant la première partie du Cours, sont résumés sur la Planche XIV, et sur le Tableau placé en regard. Il est indispensable de les apprendre avant de passer à la classification : celle-ci est basée sur la présence, ou non, d'un albumen venant en aide à l'unique cotylédon (très peu de monocotylédones sont privées de périsperme : orchidées et plantes Aquatiques, jonc, sagittaire, zostère). Sur la présence, ou non, d'un **Périanthe unicolore** 3 + 3 : enfin sur la disposition de l'Ovaire : supère, au-dessus d'étamines hypogynes ; ou Infère, au-dessous d'étamines périgynes.

I. — FAMILLE DES PALMIERS (Phénicoïdées)

1º Un stipe élancé ; à cicatrices spiralées (parfois annuelles) déterminées par la chute des feuilles ; sans ramifications en branches, et couronné par le bouquet des Palmes. Ce bois finit par acquérir sur le pourtour une extrême dureté ; il est employé pour constructions, meubles, tuyaux de conduite. La plus belle espèce est le Palmier Royal de Cuba, 45 mètres. **2º** Les **Palmes** sont très grandes ; quelques-unes dépassent 10 mètres ; le plus souvent elles sont déchirées en lanières, mais elles s'étalent en éventail dans le Latanier, le Livingstonia. Leurs grandes nervures parallèles sont des fils tout préparés, qui servent pour nattes, paniers, chapeaux, étoffes, cordes, papier ; celles du Bactris brésilien sont plus tenaces que le chanvre. **3º** L'inflorescence est un chaton ramifié, un **spadice**, avec **spathe** enroulée. Les palmiers sont **diclines**, et parfois dioïques (Dattier, Latanier) ce qui oblige les Arabes à aller chercher des branches staminées, pour assurer la formation du régime de dattes. Le Périanthe est blanc ou verdâtre, sépaloïde 3 + 3 ; le Latanier se couvre 2 fois par siècle de belles fleurs rouges. 6 étamines, ou quelque autre multiple de 3 ; ainsi 3 dans l'Arec, 9 chez le Chamerops, 12 dans le Thrinax, 24 chez l'Attalée. Le pistil est formé de 3 carpelles, dont un seul se développe.

4º Le Fruit est une **Drupe** (Dattier, Doum) ou une **baie**. On sait que la **datte** est une ressource de premier ordre dans beaucoup de régions tropicales. Le **coco** possède une coque dure, hérissée de filaments que l'on utilise. Celui du Lodoïcea des îles Seychelles pèse 25 kilos : l'Océan le transporte aux îles Maldives ; les Indiens le considèrent comme une panacée contre tous les maux (*nux medica*). L'albumen du Coco est creusé d'une cavité, remplie d'un liquide aigrelet, rafraîchissant, qui se modifie en Lait savoureux, en Crème épaisse, et en Amande parfumée, dont on retire une huile très fine. C'est la drupe oléagineuse de l'*Elaïs-Avoira* (10 mètres) qui fournit l'**huile** de **palme** employée pour savons et pour cambouis. **5º La Sève** sucrée de tous les palmiers forme le Vin de palme pétillant, qui se transforme en une bière capiteuse, le Laqby : on peut en retirer du sucre et de l'alcool (Arak), ou la laisser s'aigrir en vinaigre. Le bourgeon terminal où se concentre la vie est excellent à manger (Chou-Palmiste) mais son ablation peut entraîner la mort du végétal. La moëlle d'un Sagoutier des Moluques produit jusqu'à 350 kilos d'une fécule agréable, le **Sagou**. L'amande de l'Aréquier constitue la noix d'Arec qui renferme le Cachou parfumé ; on la mélange au Bétel et à la chaux, pour obtenir un masticatoire fort répandu. Le fruit résineux du *Calamus draco* fournit l'un des nombreux Sang-Dragon. D'autres palmiers exsudent une **cire** balsamique, Carnahuba, Céroxylon. Les solides Rotangs s'allongent en lianes sarmenteuses atteignant 400 mètres : ou les coupe en cannes, « joncs ou rotins ».

En résumé les Palmiers peuvent suffire à tous les besoins de la vie et leur aspect est splendide ; on comprend que Linné les ait surnommés les *Princes du règne végétal*. On voit quelques Chamerops et Palmiers-nains le long de la Corniche, de Monaco à Toulon. La place d'Hyères est ornée de quelques beaux stipes. En Espagne, le dattier fructifie à partir de Valence : il se fait une vente très importante de Palmes à l'occasion du jour des Rameaux.

II. — FAMILLE DES LILIACÉES (*Lilium* : Lys).

Famille très naturelle, au beau périanthe coloré 3+3, type des **corolles liliacées**. Le pistil de 3 carpelles, contenant chacun 2 rangs d'ovules, est entouré par 6 étamines qui s'insèrent à sa base ; il se transforme en une capsule ou une baie. De nombreux Bulbes ou Oignons servent à la plus facile des multiplications : ils s'attachent à la base des tiges, qui se dressent en belles Hampes florales, couvertes de fleurs et non de feuilles. Les Rhizômes, ou tiges souterraines, sont assez fréquents. — Le genre **Ail** offre une ombelle simple (Sertule) abritée dans une spathe parcheminée ; la plante doit ses propriétés à une essence sulfurée ; on utilise les nombreuses gousses (caïeux) interposées entre les tuniques du bulbe. L'ombelle possède aussi de petits bourgeons charnus, les Bulbilles, qui reproduisent le végétal lorsqu'ils s'enterrent. Les autres espèces, moins énergiques, sont : l'*Oignon*, type des bulbes tuniqués, à tige fistuleuse renflée ; le *Poireau* sans caïeux ni bulbilles ; l'*Echalote* originaire d'Ascalon ; la *Ciboule* dont les feuilles sont aromatiques ; la *Rocambole* ou ail d'Espagne à larges feuilles.

Dans l'**Asperge**, nous mangeons les bourgeons allongés ou Turions que produit un rhizôme ; le joli feuillage consiste en rameaux, ou *Cladodes*. Ils portent de petites feuilles écailleuses et des fleurs, qui deviendront des baies rouges. Le Petit-houx, lui aussi, a des Cladodes portant les baies, mais ils sont larges et pointus. Le rhizôme de l'Asphodèle se renfle en tubercules, dont on extrait de la fécule et de l'alcool. Les feuilles charnues de l'Aloës exsudent une résine médicinale ; on utilise encore la Scille, la Parisette, la Salsepareille. Le *Phormium tenax* doit son surnom de *Lin de la Nouvelle-Zélande* aux fibres textiles de ses feuilles. Beaucoup de Liliacées sont ornementales : **Lys**, **Tulipe**, Fritillaire ou Couronne impériale ; Jacinthe et Tubéreuse parfumées ; Endymion bleu ; Hémérocalle fauve ; Kniphofie orangé ; Funkie violette, dont la feuille arrondie est le type des curvinerviées. Le suave Muguet ; le Polygonate ou Sceau de Salomon, dont le rhizôme révèle l'âge. Le Yucca arborescent aux blanches clochettes : ceux qui entourent la statue de Louis XIV sur la place Bellecour dépassent 8 mètres. Enfin l'énorme **Dragonnier**, le doyen exceptionnel, qui se ramifie en branches et rameaux.

. Les **Iridées** ont leur ovaire infere descendu très bas ; les sépales se distinguent par un tapis de peluche. Trois stigmates pétaloïdes s'élargissent en trois niches qui abritent les 3 étamines. Le rhizôme de l'Iris de Florence produit un parfum recherché. De grandes feuilles s'allongent en glaive chez le Glaïeul (*Gladiolus*). Les 3 stigmates orangés du **Safran** servent en teinturerie et comme condiment. Dire que c'est ici la place de certains végétaux, c'est faire connaître les détails essentiels de leur organisation : reste à ajouter de vive voix quelques renseignements sur leur utilité ou leur beauté. Les *Colchiques* d'automne ornent les prairies de leurs fleurs violacées. A côté du *Narcisse*, si coquet, on place l'utile Agavé mexicain. Puis les « pommes de terre de Chine » Igname et Batate. Vous avez idée de l'Ananas, du Bananier, du Balisier ; et, un peu moins, du Gingembre et des Maranta à *arrow-root*. Le **Typha** dresse, dans les marais, le noir cylindre d'un épi pistillé, sorte de lance d'artilleur : les autres Aroïdées sont ou utiles (sagou, pain de Colocasia), ou très ornementales, les unes par leur spathe, plus blanc que le lys, comme dans l'**arum** cultivé, les autres pour leurs feuilles veinées, veloutées ou métalliques, à panachures colorées, Caladium, Anthurium.

III. — FAMILLE DES ORCHIDÉES (*Orchis*).

Elle renferme des plantes bizarres, dont les fleurs ressemblent à des insectes, et dont les feuilles ont des reflets métalliques. Aussi leur consacre-t-on de plus en plus des serres spéciales, où elles retrouvent leur atmosphère d'origine, tiède et très humide. Les grandes Orchidées tropicales sont des **lianes** qui s'appuient sur les arbres, mais non pas en parasites : elles laissent pendre des racines aériennes, qui absorbent la rosée et les poussières, en attendant qu'elles atteignent le sol pour y former un chevelu adventif. Parmi ces **filles de l'air**, Epiphytes, on recherche la Vanille, aux gousses parfumées. On utilise l'Ophrys dont le double tubercule mixte, l'un diminuant parce qu'il nourrit la plante, l'autre grandissant pour la prochaine année, renferme une fécule de luxe, le **salep** Quelques Orchidées parasites sont privées de véritables feuilles : le Limodore aux grappes lilas ; la Néottie, en nid d'oiseau.

Le Périanthe brillant 3 + 3 se divise d'ordinaire en 2 régions. Un **casque** formé de 5 pièces ; un **Tablier** ou **Labelle** qui représente le 3e pétale supérieur, muni d'un éperon chez les Orchis. L'éperon manque aux Ophrys ; la torsion de l'ovaire amène le Tablier au-dessous du Casque : et l'ensemble rappelle à s'y méprendre, *une mouche, une abeille, une guêpe, une araignée*. A l'intérieur de ces « *Insectes végétaux* » les 3 étamines sont **gynandres**, c'est-à-dire soudées au style, dans le genre de la clématite et de l'aristoloche (20me classe de Linné). Le pollen s'agglomère en 2 massues, ou Pollinies, que termine une glande visqueuse, pour faciliter leur transport par les insectes. La capsule s'ouvre en 3 valves et lance une multitude de petites graines sans albumen ; et, chez les parasites, sans cotylédon.

Lecture. — Sur l'utilité des palmiers, l'extraction de leur sève.

XVIe LEÇON

1º *Fin des* MONOCOTYLÉDONES. 2º *Embranchement des* GYMNOSPERMES

IV. — FAMILLE DES GRAMINÉES (*Céréales, Foin, Roseaux*)

I. — Ouvrez un dictionnaire : vous y lirez que les Graminées sont Périspermées, Apérianthées, Glumacées ; c'est dire que l'unique cotylédon est secondé par un périsperme ; que la fleur n'a pas de périanthe, ni calice, ni corolle ; mais que les enveloppes florales ne sont pas supprimées car elles sont représentées par d'importantes bractées, Glumes, Glumelles et Glumellules. L'**Albumen** farineux nous donne le **pain**, le sucre de fécule ou glucose, la Bière, l'alcool de grains. Les Graminées des prairies naturelles constituent le **foin**, base de l'alimentation de nos animaux domestiques, avec les grains de quelques céréales, l'Avoine, le

Millet, le Maïs. Sur une partie du globe, le Riz est la principale nourriture des humains. Citons encore la Canne-à-sucre, l'Alfa, les Bambous. Nous voici donc arrivés à l'étude de la famille la plus utile.

II. — 1º L'inflorescence en épi, ou en panicule, résulte de l'association d'*Epillets*, sessiles dans l'**Epi**, pédonculés dans la **panicule**. 2º Chaque **Epillet** est un groupe de fleurs, abrité par deux **glumes**. 3º Chaque **fleur** paraît construite sur le type ternaire, mais l'atrophie de quelques organes altère la disposition primitive. 4º Un pseudo-calice de 2 **glumelles** (Paillettes, Balle) protège la fleur : l'inférieure est externe, écailleuse, convexe, pointue, pouvant même se prolonger en Barbe ; la supérieure est interne, molle, concave, parfois bifide. 5º Les 2 **glumellules** (Squamules, Paléoles) alternent avec les glumelles, et tiennent lieu de corolle ; ce sont 2 petites bractées membraneuses qui entourent l'ovaire. 6º Les **3 étamines** ont des filets minces, longs, courbés par le poids des grosses anthères. 7º L'**Ovaire** est surmonté de 2 styles, bien qu'il n'ait qu'une seule loge ; nous avons constaté cette disposition chez les Composées. Les 2 stigmates sont plumeux. 8º Le fruit est un **Caryopse** dans lequel la graine est soudée au péricarpe. 9º L'**Embryon** est caractérisé par l'expansion de sa tigelle en *Ecusson*. 10º C'est l'**Albumen** qui constitue la **Farine**. La mouture élimine le péricarpe, les téguments et l'embryon, c'est-à-dire le **Son**, très utile pour la basse-cour, car il renferme 0.12 de gluten et 0.32 d'amidon. Le Maïs et le Riz ne peuvent pas servir à faire du pain, à cause de leur pauvreté en gluten ; la pâte ne se gonflerait pas. 11º **Feuilles** alternes, distiques, à *pétiole* engainant, fendu ; et à *limbe* étroit, offrant à leur jonction une stipule membraneuse, la *Ligule*. 12º **Tige** creuse, Chaume ou Paille, et Bambou, imprégnée de silice, ce qui la rend tenace et incorruptible. Chaque nœud foliaire présente une cloison résistante. L'intérieur est rempli d'un jus sucré dans la Canne-à-sucre, le Sorgho, le Maïs jeune. 13º Nombreux **Rhizômes** ; on utilise ceux du Vétiver et du Nard, parfumés, du Chiendent et de la Canne de Provence médicinaux, de l'Elyme et de l'Orge maritime, fixateurs des dunes — comme celui du Carex des sables (laîche), type d'une petite famille voisine, les Cypéracées (Papyrus).

Parmi les Céréales : 1º Le **Blé** ou **Froment** (*triticum*) ; ses épillets sessiles, formés de 4 à 5 fleurs, s'insèrent isolément sur les dents de l'axe d'un Epi, qui n'est pas articulé avec la tige. Le Blé ordinaire, tendre ou demi-dur, soit d'automne, soit de printemps, offre de nombreuses Variétés. Non barbu (Odessa, Hongrie) ; Barbu (Toscane, Victoria) ; Poulard à paille pleine (rouge, bleu ; de Smyrne) ; Blé de Pologne. Les blés durs, riches en gluten, ont régné longtemps en Sicile et au nord de l'Afrique. On sème dans les terrains médiocres l'*Epeautre* ou Blé velu, chez lequel les glumellules adhèrent au grain, comme sur l'orge. **2° Orge** : Ses épillets, groupés 3 à 3, sont protégés par un involucre de 6 glumes : chacun renferme 2 fleurs dont une seule s'épanouit. L'orge sert à fabriquer la bière ; un ferment nommé Diastase ; la Dextrine, le Glucose, l'Alcool. L'orge mondée, perlée, est rafraîchissante. **3° Seigle** : Sa farine produit un pain foncé, lourd ; associée au miel, elle forme le pain d'épices. Dans les pays montagneux, on sème le Méteil, mélange de seigle et de froment. **4° Avoine** : Grands épillets, pédonculés, groupés en une élégante panicule. Les grains conviennent aux chevaux et à la volaille. Dans le nord, on en fait un pain noir, visqueux, indigeste. Le gruau d'avoine concassée sert pour tisanes adoucissantes : cuit dans le lait, il constitue un bon aliment. **5° Millet** sert pour la basse-cour et la volière. Il entre pour la majeure partie dans l'alimentation des nègres d'Afrique, avec le Sorgho. **6° Maïs**, ou « *Blé de Turquie* », bien qu'il vienne d'Amérique. Les fleurs pistillées forment une douzaine de rangées sur un axe épais. Sa farine est employée à l'engraissement de la volaille. **7° Riz** : C'est la nourriture principale en Chine, dans l'Inde, au nord de l'Afrique. On a essayé d'introduire sa culture en Auvergne, mais les rizières exigeant beaucoup d'eau sont insalubres. Pauvre en gluten, le riz est facile à digérer, mais on ne peut transformer en pain son très fin amidon. Les graines de l'Alpiste plaisent aux oiseaux.

Parmi les graminées des PRAIRIES NATURELLES, dont l'ensemble constitue le FOIN, nous ne citerons que : la **Flouve** parfumée ; le **Ray-grass**, le *Paturin*, le *Fétuque*, le *Brôme* ; la *Brize* élégante ou Pain d'oiseau : Fléole, Vulpin, Eragrostis. On ne connaît de nuisibles que l'**Ivraie** et le Pigonil.

Sous le nom de ROSEAUX, on groupe : **1°** *Le Roseau* proprement dit, employé comme textile passable et pour la fabrication du papier. **2°** la *Canne de Provence*, ornementale. **3°** Trois plantes textiles et **Sociales**, vivant agglomérées, étouffant les autres : l'**Alfa** algérien, le Stipa russe, et le Lygée-Spart, utilisés pour Sparterie, cordes, paniers. **4°** le **Sorgho** fournit du sucre. **5°** la **Canne-à-Sucre** importée de l'Inde aux Antilles est une graminée de 4 mètres dont la moëlle juteuse laisse écouler, sous la pression des cylindres broyeurs, le Vesou qui contient 20 % du plus beau

sucre cristallisable. On évalue à 3,000 tonnes la production annuelle. La fermentation des mélasses et autres résidus donne le Rhum. Les trois variétés les plus estimées sont celle de Taïti, la canne de Java au feuillage rouge, et celle de Bourbon aux feuilles vertes.
6° Enfin les **Bambous**, sucrés et comestibles au début : ils deviennent à la fois durs et légers, dépassent 30 mètres, et se prêtent à tous les besoins des peuples industrieux.

Fin des Monocotylédones

EMBRANCHEMENT DES GYMNOSPERMES *(Graines nues)*

I. — Les caractères principaux, étudiés pendant la 1re partie du Cours, sont résumés sur la Planche XV et sur le Tableau placé en regard. Il est indispensable de les apprendre avant de passer à la classification. Nous ajouterons quelques commentaires à cette récapitulation. Le nom de Gymnospermes signifie que les œufs végétaux sont nus, tandis que chez les précédents ils étaient clos dans un ovaire protecteur. Donc les graines sont libres, et la plante n'a pas de véritable fruit. Pour protéger ces semences, des Bractées s'associent en spirales et forment un **cône** écailleux. Parfois la bractée devient charnue et se creuse, formant la *fausse drupe* des Ifs, la « *fausse baie* » du Génévrier. Lontemps on laissa ces végétaux à côté des Amentacées parce qu'ils se partagent nos forêts et que ce sont des plantes Apétales et Diclines. Mais les Gymnospermes sont moins bien organisés ; ils n'ont pas de véritables vaisseaux ; ils ont apparu dès le terrain Houiller, bien avant les 1ers dicotylédones du Crétacé. Les plus connus ont plusieurs cotylédons.

II. — On les divise en 2 classes. Par leur port général, leur feuillage palmé un peu rigide, leur structure, et leur *habitat* tropicales, les élégantes **Cycadées** sont intermédiaires entre les Fougères et les Palmiers. Elles se plaisent dans l'hémisphère austral. On utilise leurs gommes et leurs fécules ; ainsi plusieurs **cycas** produisent du sagou ; l'Encephalartos est surnommé « pain des Cafres ». Le Dioon mexicain possède des graines farineuses, propres à faire du pain. On cultive dans les serres les Zamia, Ceratozamia. Les Cycadées fossiles ont régné dans le Trias.

Les **Conifères** sont les **arbres verts résineux**, aux feuilles persistantes et dures, et qui produisent les térébenthines. Ces grands végétaux préfèrent les hautes montagnes (Vosges) et les latitudes septentrionales (Norvège). Ils servent de transition entre les

Prêles et les Lycopodes (fossiles) d'une part, — et les Amentacées d'autre part. Le bois est formé de *Trachéïdes*, longues clostres aréolées, dont les perforations sont disposées 2 à 2 en regard. A peine quelques trachées dans l'étui médullaire ; jamais de véritables vaisseaux. Ces arbres résineux sont incorruptibles, hydrofuges bons combustibles ; sans rivaux pour la construction des navires, des mâts, des châlets, des conduites d'eau, des pilotis ; et même pour meubles rares (mélèze) à odeur balsamique (cèdre). La térébenthine ou goudron végétal est produite au sein de *Tubes sécréteurs* fermés ; on l'extrait en blessant l'arbre. La distillation sépare l'essence de térébenthine d'avec la résine solide, ou Colophane, employée pour savons et pour enduire l'archet. L'Ambre jaune ou succin (**Électron**) est la colophane fossile des Pinites. On vante avec raison les vertus médicinales des jeunes bourgeons (goudron de Norvège) et de la flanelle confectionnée avec les fibres des feuilles.

Cette ouate est excellente contre les rhumatismes et les affections de poitrine. Les feuilles sont PERSISTANTES de 3 à 12 ans, dures, pointues. Aciculées en aiguille, sauf sur le Gingko qui les a bilobées. Elles sont fasciculées en houppes chez le pin, distiques sur le sapin éparses chez l'épicea, en épines triples chez le génevrier. Celles du mélèze se renouvellent chaque année et sécrètent une glu sucrée, *manne de Briançon*.

III. — FAMILLE DES ABIÉTINÉES (**Abies**, épicéa ou sapin des parcs) **1° Le Pin** est plus svelte que le sapin parce que ses premières branches partent d'assez haut. Ses feuilles forment des houppes. *Le Pin Sylvestre* règne dans les Alpes et dans toute l'Europe septentrionale ; il n'y en a pas aux environs de Gerardmer. *Le pin Cembro* brave les neiges de Laponie ; on mange son écorce et ses graines. *Le Pin de montagne et le Pin nain* s'élèvent sur les sommets de l'Europe centrale. Celui-ci donne la térébenthine de Hongrie et des torches résineuses. Les graines oléagineuses du *Pin Pignon* sont comestibles : ce bel arbre en parasol se plait sur les bords de la Méditérranée. Plus svelte encore, le *Pin Larisse* règne en Italie, en Corse, en Espagne. Le *Pin blanc d'Alep* se plait sur les rochers. Le *Pin maritime* fixe les dunes, depuis les conseils de Brémontier ; il fait la prospérité du département des Landes, on en retire la térébenthine de Bordeaux.

2° L'Epicéa (**Abies**) est un superbe végétal intermédiaire entre le pin et le sapin ; c'est lui qui orne les parcs. Sa résine pâteuse, poix de Bourgogne, sert pour emplâtres. Vous le distinguerez du sapin à ses cônes Pendants, à écailles étroites, persistantes, et à ses feuilles éparses. **3ᵉ Le Sapin** (*Picea*) a des feuilles distiques et des cones Dressés, à écailles larges et caduques. Ses graines ailées rappellent les samares de l'orme. Il s'élève moins au nord que le pin, mais il le dépasse sur les hautes cîmes. Sa térébenthine-citron est dite de Strasbourg. **4ᵉ Mélèze** (*Larix*). Cet arbre, qui a le port d'un cèdre se reconnaît à deux caractères ; il perd ses feuilles chaque année, et ses cònes ovales sont très petits. Il recherche les hauteurs, le voisinage des glaciers. Sa térébenthine est dite de Venise. Son bois rouge, veiné, brave l'humidité. Rameaux et feuilles sécrètent la manne de Briançon.

5ᵉ Cèdre. Arbre majestueux, couronné d'un sombre feuillage, régulièrement étagé, au bois aromatique et incorruptible. Les cèdres du Liban servirent à construire le Temple de Jérusalem. On croit que sept de ces doyens sont contemporains de Salomon. Les cèdres algériens forment de magnifique forêts sur les crêtes de l'Atlas. **6ᵉ Séquoïa** de Californie, géant du règne végétal, qui atteint 150^m, avec 42^m de circonférence à la base. **8ᵉ Araucaria** de l'Amérique du Sud, très à la mode : on en voit de fort beaux, à écailles imbriquées, dans l'ile de Jersey et sur le littoral normand, par exemple à la gare d'Yvetot.

IV. — Famille des cupressinées (*Cupressus*, cyprès) **1ᵉ Le Cyprès** dont le bois incorruptible est très estimé, se reconnait à son feuillage conique, sombre, symbole de deuil, et à ses Galbules, globbuleux comme le clou de girofle. **2 Cyprès Chauve** (*Taxodie*) des marais de la Louisiane devient colossal au Mexique ; on en admire de très beaux à Rambouillet. **3ᵉ Le Thuya** se reconnait à son feuillage comprimé. Le Callitris d'Algérie fournit la résine Sandaraque. **4ᵉ Le Genévrier** a des feuilles en aiguilles, associées 3 à 3. Son còne devient charnu : la graine est protégée par une cupule molle, noire, acerbe, sorte de fausse baie qui parfume les grives, et dont la distillation retire le genièvre ou gin. Pour fabriquer les crayons, on recherche le bois du genevrier de Virginie. La Sabine est ornementale, mais on doit la proscrire tant elle nuit, indirectement au Poirier ; elle nourrit un champignon parasite, à génération alternante, qui détermine la rouille du poirier. Parmi les Taxinées l'If (*Taxus*) se prête aux tailles les plus bizarres, comme vous le constatez dans les vieux parcs, par exemple à Versailles. Son bois rouge est susceptible d'un beau poli. Le cône charnu constitue une fausse drupe mangeable, mais contenant une graine aussi vénéneuse que les feuilles. Le **Gingko**, japonais, *Arbre aux 40 écus*, a de larges feuilles dédoublées en 2 lobes ; sa fausse drupe, amère renferme une amande comestible, parfumée. On place à part les **Gnétacées** Ephedra, Welwitschia.

Fin des Gymnospermes.

XVIIᵉ LEÇON

CRYPTOGAMES OU ACOTYLÉDONES
Sans fleurs et sans Cotylédons

En leur donnant ce nom de Cryptogames (reproduction ignorée) Linné indiquait qu'ils sont privés de véritables fleurs, dépourvus d'étamines et de pistils. On sait aujourd'hui que ces végétaux possèdent des organes qui tiennent lieu de fleurs, les **Anthéridies** et les **Archégones**, et qu'en outre ils ont des sortes de bulbilles, les **Spores**, capables de reproduire la plante sans le concours d'aucun autre organe. Les anthéridies sont des capsules, analogues aux anthères, qui contiennent un pollen mobile, de petits corps agiles, les **Anthérozoïdes**, chargés de féconder l'œuf végétal. Les Archégones sont des bouteilles, comparables par leurs structure à un pistil, et par leur rôle à l'ovule nu des gymnospermes ; leur base renflée renferme l'**œuf** (**oospore**) que doivent féconder les anthérozoïdes. Quant aux spores, ce sont de simples cellules qui germent, et reproduisent le végétal : peu importe de savoir qu'elles sont logées dans des capsules nommées Sporanges, Asques, Thèques, etc. Beaucoup de Cryptogames subissent une génération alternante, comme les Méduses ; la fougère passe par 2 états ; la Rouille du blé par 3 phases. En étudiant 2 groupes extrèmes, les fougères et les algues, nous aurons une idée suffisante de la multiplication des Acotylédones.

1° Fougères. — A la face inférieure de leurs belles Frondes, sont groupées des capsules, avec anneaux élastiques, qui éclatent et lancent une multitude de **Spores**. Celles-ci s'enterrent, germent comme des bulbilles, et forment une lame verdâtre, échancrée en cœur, le **Prothalle**. C'est lui qui reproduira la fougère. Voici comment. Il se couvre de racines, en dessous et, sur les bords, des 2 sortes d'organes reproducteurs, urnes et bouteilles, Anthéridies et Archégones. Les premières produisent des Anthérozoïdes (sorte de pollen animé) agités de vifs mouvements que facilitent leurs cils antérieurs et leur queue spiralée. Ils pénètrent dans l'archégone, comme un tube pollinique traverse un pistil et, sous leur impulsion, l'œuf végétal est fécondé. Il reproduira la Fougère initiale, en vivant d'abord aux dépens des provisions accumulées dans le prothalle, que l'on compare à un albumen.

2° Algues. (Planche XVII). Les Algues ont 4 modes de multiplication. **1°** A leurs extrémités sont des *Capsules* qui renferment des anthéridies et des œufs. Les petits anthérozoïdes agiles font tournoyer la grosse cellule qui s'enveloppe, alors, d'une membrane de cellulose et devient Oospore. **2°** Par **Conjugation**, ou pénétration réciproque, 2 cellules placées parallèlement, en regard, en forment une 3me capable de reproduire l'algue. **3°** Des capsules spéciales émettent des Séminules ovales, ciliées, agiles, nommées **Zoospores**, parce que leurs mouvements rappellent ceux des Infusoires. Elles se fixent par un bec, perdent leurs cils, germent, forment une algue. **4°** le **Bourgeonnement** suffit : une cellule grossit, se dédouble et forme une spore, point de départ d'un nouveau végétal. On divise les Cryptogames en **Acrogènes** dont la tige s'allonge (Fougère, Mousse) et en **Amphigènes**, sans tige, qui s'élargissent de tous côtés (Champignons, Algues). Soit 4 **Classes : Filicinées, Muscinées, Champignons, Algues.**

Ire Classe : Acrogènes Filicinées. — Le 1er nom indique une **tige qui s'allonge**, et le 2me signifie que les fougères servent de type. On les nomme encore Vasculaires, parce que les fibres du ligneux sont associées à des **vaisseaux**, presque tous **scalariformes**. Elles ont de véritables racines. L'embryon, assez simple, est privé de cotylédon. Le prothalle n'est que secondaire, transitoire, tandis qu'il sera permanent et développé chez les champignons et les algues (mycelium, thalle).

1er Ordre : Fougères. — Leurs belles Frondes, d'abord roulées en crosse, sont utiles en médecine (sirop de Capillaire), ainsi que leurs rhizômes **vermifuges** ou toniques : Osmonde, Polypode. D'autres sont alimentaires par leur fécule : Cyathée de la Nouvelle-Zélande. Le nom de **l'aigle** rappelle que, chez nos petites fougères indigènes, le ligneux est central et qu'il a la forme, dans cette espèce, d'un aigle à 2 têtes. Les fougères tropicales sont arborescentes comme celles qui formèrent la houille : elles prospèrent dans les régions humides et chaudes, en Océanie, au Brésil, à Sainte-Hélène. Le stipe durcit sur le pourtour par la formation d'un ligneux que l'on croirait formé de doubles-croissants.

2e Ordre : Equisétacées, ou Prêles. — Ce sont de petites plantes marécageuses surnommées Queues de cheval. Leur rhizôme, aux puissantes ramifications souterraines, émet une tige creuse, cannelée, emboîtement de 2 tuyaux. De chaque nœud partent des rameaux grêles, articulés, verticillés (autour d'une gaîne à fines dentelures) rappelant les cladodes de l'asperge. La tige et quelques rameaux dénudés se terminent par les **Cônes** reproducteurs. Ils consistent en boucliers écailleux, implantés comme des clous, disposés circulairement en lustres, et abritant quelques rangs de Sporanges. Il en sort des spores, munies de 4 lanières hygrométiques, élastiques, les Elatères. Sous l'influence de l'humidité et de la sécheresse, les élatères font bondir les spores dont la dissémination est ainsi assurée. Chacune produit en germant un petit Prothalle sur lequel naissent les archégones et les anthéridies. On mange la Prêle (Œquisetum) quand elle est encore jeune. Sinon, elle devient tellement siliceuse qu'on l'emploie à polir le bois et les métaux. Tel est l'humble représentant d'une famille qui fut géante à la fin de l'Epoque Primaire, et qui a contribué à former la houille : élégantes Astérophyllées, telles

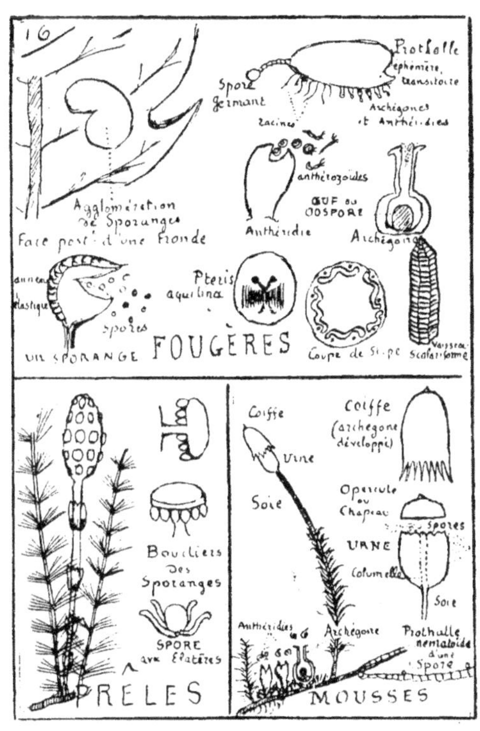

que l'**Annulaire** ; **Calamite** de 15ᵐ, Calamodendron de 20ᵐ. A Caracas vit encore un Equisetum de 10ᵐ.

3e Ordre : Lycopodées. — Plus intéressant, lui aussi, par les espèces **fossiles** que par ses représentants actuels. L'Anthracite du Dévonien et la Houille du Calcaire carbonifère ont été formées de **Sagenaria** et de **Sigillaires**. Celles-ci ressemblent à de grands plumeàux avec leurs feuilles épineuses. Le tronc et la racine (Stigmaires) sont ornés de mosaïques déterminées par la chute des feuilles et des radicelles, régulièrement distribuées.

Nous avons remarqué le **Lépidodendron** de 40ᵐ. Ces végétaux étaient caractérisés par la dichotomie de leur arborisation (dédoublement de 2 en 2), ils le sont encore. Trois humbles plantes, surnommées (Fausses Mousses) représentent ces colosses d'autrefois. **1ᵉ Le Lycopode** porte des spores très fines, poudre jaune employée en pharmacie et en pyrotechnie. **2ᵒ La Sélaginelle** forme dans les serres et les parcs le plus frais des gazons ; elle a 2 sortes de spores produisant des *prothalles rudimentaires* ; les petites spores forment les anthéridies ; et les grosses les archégones. Il en est de même chez les **Isoëtes**. Ce peu d'importance du prothalle est considéré comme un caractère de supériorité, un acheminement vers les gymnospermes.

IIᵉ Classe : Acrogènes muscinées.

Avec elles disparaissent définitivement les vaisseaux et les fibres : les **mousses** sont uniquement **cellulaires** ; la tige est très simple, les racines se réduisent à des radicelles, les feuilles sont de petites écailles. Et cependant J.-J. Rousseau disait : « On peut m'enfermer à la Bastille, pourvu que j'y trouve des mousses ! » tant il pressentait que l'organisation de ces humbles plantes est digne d'intérêt. Les feuilles se modifient en bractées à la base des anthéridies et des archégones. Quand les anthérozoïdes ont fécondé l'œuf végétal au sein de l'archégone, ces deux organes s'allongent en **urne** à l'extrémité d'une soie élégante. Cette urne se remplit de spores ; elle est protégée par un Chapeau, surmonté d'une **coiffe**. A la maturité, coiffe et chapeau sont soulevés, les spores tombent, germent et produisent un prothalle, allongé comme un helminthe. Des bourgeons s'organisent çà et là, grandissent, et reproduisent une mousse complète.

Les Mousses contribuent à former le terreau. Les **sphaignes** ou Mousses blanches des marécages, entrent pour la majeure partie dans la constitution de la **tourbe**. Plusieurs mousses boréales servent de nourriture aux rennes, et même aux humains. On les emploie à calfeutrer les chaumières, à garnir des matelas, à emballer des objets fragiles. Le grand *Polytric* sert à faire des balais. Les Hypnes recouvrent les murs et l'écorce des arbres. Les Fontinales flottent sur les ruisseaux. Les Mnium et les Bryum ont des feuilles alternes qui présentent les cycles compliqués $\frac{3}{8}$ $\frac{5}{13}$ $\frac{8}{21}$. La petite famille des **Hépatiques** doit son nom à ce que ses principaux représentants, Marchantie et Jungermanie, furent employés contre les maladies du foie. Les spores sont projetées hors de l'urne par de élatères élastiques.

CRYPTOGAMES AMPHIGÈNES

Dépourvus de tige, il croissent sur le pourtour, ils augmentent en s'élargissant. Uniquement cellulaires, ils sont formés de cellules, allongées en **tubes**, qui s'associent en un **feutrage** tenant lieu de tige, de feuilles et de racines ; ce feutrage, c'est le **mycelium** des Champignons, le **thalle** des Algues.

Iʳᵉ Classe : Champignons.

Privés de chlorophylle, dépourvus d'organes verts, les Champignons ne forment pas d'amidon. Ils vivent de matières organiques toutes préparées, soit sur les résidus des décompositions, soit en parasites des êtres vivants. Mieux que d'autres, ils acceptent l'obscurité d'un ombrage épais ou d'une cave. Les organes de végétation consistent en un enchevêtrement souterrain, de filaments cellulaires, feutrage nommé **mycélium** ou Blanc de champignon. La multiplication s'effectue par des **spores** groupées au-dessous d'un **parasol** ou **chapeau**, auquel s'applique l'expression de ᶠongiforme. Le Chapeau est souvent protégé par une membrane, une sorte de spathe, dont les débris constituent autour du **pied** une véritable **collerette**. On nomme Hymenium les lamelles du placenta qui porte les grosses Basides, terminées par les spores.

Uᴛɪʟɪᴛᴇ́s. — Quelques Champignons, agréables à manger, sont fort nourrissants, très azotés. On cultive dans les carrières et dans des caves le *Champignon de couche* ou *Agaric champêtre*. Il suffi de semer quelques filaments de « Blanc » on mycelium, au sein de couches de sable, de plâtre, et de fumier, que l'on arrose avec une eau salpêtrée. On cultive dans les Landes l'Agaric palomet et le Bolet ou **Cèpe** de Bordeaux. Les Italiens obtiennent dans un terreau spécial 2 espèces de Polypores. On recherche l'Oronge, la Morille, et surtout la **truffe** dont les spores sont internes. L'**Amadou** est un polypore imprégné de salpêtre. Plusieurs champignons parasites nous rendent service en détruisant les chenilles et d'autres insectes. Les **ferments** sont des champignons microscopiques ou Mycodermes ; les plus utiles sont : la *Levure de bière* (son dérivé, le *Levain du pain*) et la *Levure du vin*, ferments alcooliques qui transforment une certaine quantité de sucre en alcool et gaz carbonique : il faut donc ventiler le pressoir et la brasserie. La *Mère du vinaigre* convertit le vin en vinaigre. Les moisissures vertes du Roquefort modifient sa caséine sèche en une sorte de beurre onctueux. Le ferment Nitrique transforme en salpêtre ou nitre, l'ammoniaque du sol.

Par contre, beaucoup de champignons sont nuisibles. Et d'abord les **parasites**, tels que l'**oïdium** de la vigne ; et ces trois destructeurs du Ver-à-soie, qui déterminent la muscardine, la pébrine et la flacherie *. Les céréales sont altérées par des parasites qui produisent la Rouille, le Charbon, la Carie, l'Ergot du seigle. Le premier nommé émigre de l'épine-vinette sur le blé ; un autre, à génération alternante, lui aussi, passe de la Sabine sur le Poirier. Ce sont des **ferments**, avons-nous dit, qui transforment le sucre du raisin et de l'orge germée en alcool. Mais ce sont aussi des Ferments qui déterminent les maladies de la bière et du vin. On les combat avec le gaz sulfureux, SO_2, en brûlant du soufre dans les tonneaux. Le plus possible on a recours à la **Pasteurisation** * ou chauffage à 65°, température qui détruit ces ferments. On procède de même pour *stériliser* le lait. Plusieurs **moisissures** sont vénéneuses Enfin beaucoup de champignons que l'on croirait comestibles peuvent empoisonner ; et le plus grand danger provient de ce qu'ils ressemblent aux espèces recherchées. La comparaison n'est possible, avec des restrictions, qu'entre espèces voisines. Tandis que le dessous du chapeau, ou Hymenium du champignon de couche devient, successivement rose, violet et brun, celui de l'Amanite vénéneuse demeure blanc. Aucun caractère n'est bien tranché. Aspect, couleur, odeur, saveur, latex, présence des limaces, cuiller d'argent qui noircit, etc., rien n'est formel. Dans le doute, s'abstenir. On conseille de faire bouillir longtemps, dans une eau fortement salée et vinaigrée, alors autant manger de l'amadou.

Les **Microbes** sont les germes de maladies infectieuses, les principes actifs des Virus, soit par eux-mêmes, soit en produisant des alcaloïdes vénéneux. Ce sont des cryptogames microscopiques, ou les spores de champignons et d'algues. Ils pullulent, avec une rapidité inouïe, soit en bourgeonnant, soit en formant des spores ou libres, ou enkystées. *Bactérie* du Charbon, *Vibrion* de la gangrène, Spirille du typhus. Après avoir étudié les maladies du ver-à-soie, et celles des boissons alcooliques, Pasteur, a été amené à s'occuper des microbes : il en supprime quelques-uns par le filtrage et la stérilisation * et il en a transformé d'autres, des plus terribles, par des cultures graduellement affaiblies, en **Vaccins préservateurs**. Expliquons. En inoculant le virus de la vache ou vaccin, **Jenner** communique à l'enfant une fièvre légère, que l'on surveille, et le jeune homme est à l'abri de la Petite Vérole pour plusieurs années. De même, en inoculant certains virus affaiblis, soit avant tout accident, soit même après coup, **Pasteur** combat victorieusement de graves maladies infectieuses, choléra des poules, rouget du porc et, d'étape en étape, le croup, la tuberculose, la phtisie, la rage (Deuil national, 5 octobre 1895).

Famille des Lichens.-- Intermédiaires entre les Champignons et les Algues, les **Lichens** sont, le plus souvent, formés par l'association d'une algue avec un champignon, celui-ci fournissant à la communauté les albumines, et celle-là l'amidon. On a fait la synthèse de ce curieux duo, en semant certains champignons sur certaines algues. 𝕷ichen signifie « dartre ». Ces plantes vivent sur l'écorce des arbres ; elles se fixent aux pierres, aux statues, qu'elles couvrent d'une lèpre pulvérulente (Variolaire, Lepraria). On surnomme les Lichens « pionniers du monde végétal » parce qu'ils peuvent vivre sur les laves et les rochers, qu'ils dissocient peu à peu, de manière à frayer la voie aux mousses et aux végétaux supérieurs. On les trouve seuls sous les glaces polaires et sur les sommets les plus élevés. Bien qu'ils aiment la lumière et la chaleur, ils peuvent donc braver l'obscurité et le froid. Leur besoin d'humidité est absolu : la sécheresse rend leur vie latente ; puis l'eau les ranime. Les rennes n'ont pas d'autre nourriture en hiver que le **Cénomyce** qu'ils savent déterrer sous la neige. Or le renne est la principale ressource des Lapons et des Esquimaux. Plusieurs lichens sont comestibles pour l'homme, quoique un peu amers : la *Physcia* d'Islande est ajoutée au pain. On recherche le *Lecanora* près du pôle, en Algérie, en Asie-Mineure. La rapidité de son développement, et de son transport par le vent, a fait croire à des pluies de *Manne*. La médecine utilise les vertus pectorales du *Thé des Vosges* (Lobaria) et de la *Pulmonaire du chêne* ; qui ne connaît la pâte confectionnée avec le *Lichen d'Islande*. Plusieurs espèces sont **tinctoriales** : l'Orseille est rouge, le Tournesol des chimistes bleu (les acides le rougissent) ; une Parmélie et le Vulpinus colorent en jaune-orangé.

IIᵉ Classe : Algues. — Ce sont des plantes aquatiques, les unes flottantes, les autres submergées, au **Thalle** simple ou ramifié, que soutiennent souvent de larges *Vésicules aériennes*. Elles ont toutes les dimensions, depuis le Protococcus des Alpes, cellule rouge dont l'accumulation donne à la neige la teinte du sang, — jusqu'aux algues de 500ᵐ capables de ralentir la marche des navires, les Urvillées, dont le nom rappelle le voyage autour du monde de Dumont-d'Urville. Les **Sargasses** ou *Raisins de Mer* ont donné leur nom à la région de l'Atlantique qui s'étend au-dessous des Açores. Les Fucus forment des prairies sous-marines. Le plasma coloré des algues, ou **Endochrome**, est une association de chlorophylle avec trois pigments : il en résulte 3 colorations dominantes. Les algues **Vertes** sont flottantes ; les **Brunes** descendent jusqu'à 250ᵐ ; les **Rouges** se fixent aux rochers. La chlorophylle produit un amidon qui se convertit en gomme, sucre, gelée, glu ; la plupart des algues sont très comestibes : Ulve, Porphyre, Gracillaite. On retire des espèces marines la **Soude** : puis l'**Iode** et le **Brôme** qui rendent médicinales les Corallines et la Mousse de Corse. En outre les **Fucus**, les **Laminaires** servent, sous le nom de **Goëmon ou Varech**, de comestible, d'engrais, et pour emballer le poisson. D'autres sont converties en papier, en cordes. Le Glœopeltis constitue une excellente glu. L'hirondelle Salangane construit son nid comestible avec la Gélidie.

Nous étudions, une seconde fois, les 4 modes de reproduction des Algues, et nous terminons en indiquant les principales familles.

D'abord les **Characées** ; Le Chara ressemble à une prêle. Ses anthéridies sont des globulesorangés qui se scindent en 8 valves, chacune de 24 filaments, contenant 200 anthérozoïdes très agiles : soit $200 \times 24 \times 8 = 38.400$ corpuscules de ce pollen mobile, presque animé. Les **Floridées**, rouges, sont la base des ravissants herbiers qu'on collectionne au bord de la mer. Les **Zoosporées** se reproduisent par des spores mobiles, comparables à certains infusoires : brunes Laminaires marines : vertes Conferves

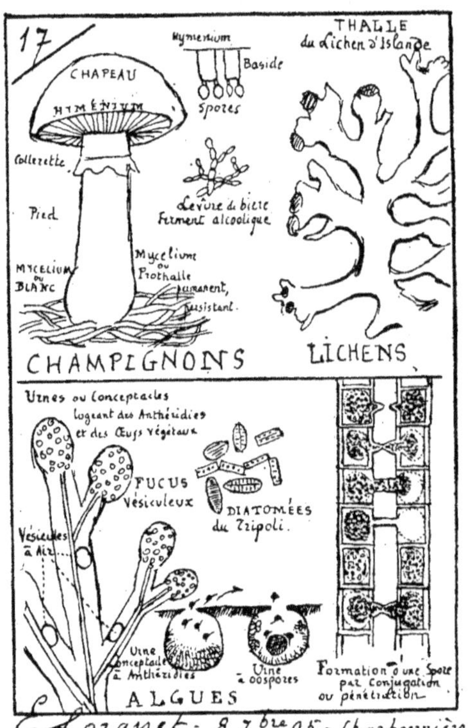

d'eau douce, auxquelles on rattache les Sulfuraires des sources sulfurées (Barèges) et la Trichodesmie qui donne à la Mer Rouge sa teinte caractéristique. Les **Diatomées** sont de petites algues siliceuses, dont la carapace est une merveille de délicatesse : on les emploie pour apprécier la qualité d'un microscope. L'accumulation de cette silice constitue le tripoli, avec certains sarcodaires siliceux tels que les Radiolaires. Chaque diatomée est formée d'une seule cellule, mais plusieurs peuvent demeurer attachées. Elles ont certains mouvements, moins accusés cependant que ceux des agiles **Ambulatoriées**. Nous arrivons à des êtres ambigus, animaux au début de leur existence, puis chlorophylliens et végétaux : intermédiaires entre les deux **Règnes, animal et végétal**, que j'ai essayé de vous faire connaître.

TABLE DES PLANCHES

I PLANCHES DE GÉOLOGIE

II. PLANCHES DE BOTANIQUE

58.422. — Imp. A. Waltener. — P. Legendre et Cie, Suc. — Lyon.